全国铁道职业教育教学指导委员会规划教材

高等职业教育铁道工程技术专业"十二五"规划教材

工程力学（下）

杨树宇　王秀丽　主　编

马晓倩　主　审

中国铁道出版社

2018年·北　京

内 容 简 介

全书分上下两册，共三篇。上册为第一篇静力学和第二篇材料力学，下册为第三篇结构力学，内容包括平面体系的几何组成、静定结构内力计算、静定结构位移计算、力法、位移法及力矩分配法、影响线及其应用等内容。为便于学习，每章附有教学目标及例题，章末有小结，并配有复习思考题以启发读者分析、思考和研究问题，便于课后复习。

本教材适用于土建类专业及相近专业的高职高专教学，也可作为中等专业学校的辅助教材。

图书在版编目(CIP)数据

工程力学.下/杨树宇,王秀丽主编 . —北京：
中国铁道出版社,2014.7 (2018.7重印)
全国铁道职业教育教学指导委员会规划教材
高等职业教育铁道工程技术专业"十二五"规划教材
ISBN 978-7-113-18202-1

Ⅰ.①工… Ⅱ.①杨…②王… Ⅲ.①工程力学－高
等职业教育－教材 Ⅳ.①TB12

中国版本图书馆 CIP 数据核字(2014)第 054150

书　　名：工程力学（下）
作　　者：杨树宇　王秀丽　主编

责任编辑：李丽娟　　　编辑部电话：(010)51873135　　　电子信箱：992462528@qq.com
封面设计：崔　欣
责任校对：龚长江
责任印制：李　佳

出版发行：中国铁道出版社(100054,北京市西城区右安门西街8号)
网　　址：http://www.tdpress.com/51eds/
印　　刷：三河市宏盛印务有限公司
版　　次：2014 年 7 月第 1 版　　2018 年 7 月第 2 次印刷
开　　本：787 mm×1 092 mm　1/16　印张：9.0　字数：218 千
书　　号：ISBN 978-7-113-18202-1
定　　价：25.00 元

前言

　　工程力学是土建、交通运输等专业的一门重要专业基础课。本教材涵盖了静力学、材料力学和结构力学的主要内容。

　　本教材在编写中,充分考虑高职职业教育的特点,以应用为目的,基本理论以"必需""够用"为度,强化力学概念,向实用性靠拢,以满足培养职业技术工程人才的需要。

　　为方便读者学习,每一章节均安排有相关案例,以工程实际问题引导和启发读者的求知欲;概念学习配合相关例题进行解析;章末有小结,并配有复习思考题以启发读者分析、思考和研究问题,方便课后复习,最终增强实践技能的培养。

　　本教材精选教学内容,改革力学课程体系,既保证原静力学、材料力学和结构力学中主要的经典内容,又侧重基础理论和工程实用的需要。对原本科教学内容进行必要的删减和拆分,加强概念的理解、基本计算的掌握和工程中力学的实际应用。

　　本书分上下两册,上册内容讲述静力学和材料力学两部分,下册内容讲述结构力学。本书下册由包头铁道职业技术学院杨树宇、西安铁路职业技术学院王秀丽主编,天津铁道职业技术学院马晓倩主审。第一章由王秀丽编写;第二、三章由杨树宇编写;第四、五、六、七章由包头铁道职业技术学院白春海编写。杨树宇负责全书的统稿工作。

　　本书在编写过程中得到包头铁道职业技术学院、天津铁道职业技术学院等相关院校领导及老师的大力支持,在此一并表示感谢。

编　者

2014 年 1 月

目录

第三篇 结 构 力 学

第三篇　结　构　力　学

1　结构力学概述

本章描述

本章讲述结构力学的概况,包括结构力学的研究对象和任务、结构的计算简图、结构和荷载的分类。

教学目标

1. 知识目标

明确结构力学的研究对象和任务,掌握结构计算简图的简化方法,了解结构和荷载的分类。

2. 能力目标

能够分析实际工程结构的计算简图。

3. 素质目标

培养学生科学严谨的学习态度,并把所学理论知识与实践结合起来。

相关案例——建筑物的搭建

在图 1.1 所示的建筑结构中,会遇到基础、立柱、横梁、顶板等构件的建造与连接,经过一系列复杂的施工,最终才能搭建起整个建筑结构。在搭建此结构时会用到哪些构件?各构件选用何种材料(如图中为何用钢材而不是砖混搭建)?各构件之间是如何连接的?它们是否足够结实,能够抵抗各种荷载的作用而不至发生破坏?它是否经济合理?复杂的建筑物如何进行相应的简化计算?这些问题都将在后续的章节中进行探讨。

图　1.1

1.1　结构力学的研究对象和任务

1.1.1　结构的概念

　　工程中的各类构筑物,如房屋、桥梁水塔、挡土墙、车辆机架等,都要承受一些荷载的作用,如人群、设备、车辆、水压力、土压力、货物荷载等。**在构筑物中,承担荷载并起着骨架作用的部分,称为结构**。如图 1.2 所示的房屋骨架图,最上层的荷载由一块块屋面板承担,屋面板再把荷载依次传递给弓形横梁、柱子、基础,这个骨架也就是此房屋的结构。

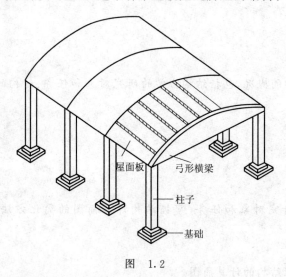

图　1.2

1.1.2　结构力学的研究对象

　　通常可以从几何观点把结构的类型分为三种,即杆系结构、薄壁结构和实体结构。由杆件组成的结构称为**杆系结构**。杆件的特点是它的长度远大于另两个方向的尺寸,如矩形截面杆的长远大于截面的宽和高。如果,杆系及其上的荷载都处于同一个平面内,就称为**平面杆系结构**。**薄壁结构**是指它的厚度远小于另两个方向尺寸的结构。结构的三个方向的尺寸为同一量级时,称为**实体结构**。

　　在材料力学中,我们已学习过单个杆件的强度、刚度及稳定性的计算问题,为学习结构力学打下了基础。结构力学则在此基础上着重拓展研究由杆件组合而成的结构的力学问题。

　　结构力学的研究对象主要是杆系结构。

1.1.3　结构力学的任务

　　结构力学的任务包括研究结构的组成规则和合理形式,研究结构在外因作用下的内力和位移的计算、结构的稳定性计算、动力荷载和移动荷载作用下结构的反应。

　　本书的主要任务是讨论结构的组成规则和合理形式;结构在外因作用下的内力和位移的计算原理和方法;移动荷载作用下支座反力及内力的变化规律,为后续课程结构的计算和设计准备必要的基础知识。

1.2 荷载的分类

对于平面结构,通常可以按荷载作用范围进行分类,如把荷载分为**集中荷载**和线分布荷载两种。线分布荷载多简称为**分布荷载**。除此以外,对荷载还有如下不同的分类法。

1. 按荷载作用时间的长短分类

(1)**恒载**:在结构的使用期内,长期不变或变化值可以忽略的荷载称为恒载。如结构的自重、结构上不动的附属装置、设备的自重等,这些都是恒载。

(2)**活载**:施加在结构上的可以变化的荷载称为活载。常见的活载有只改变大小的荷载和只改变位置的荷载。只改变位置的荷载也称为移动荷载。

2. 按荷载作用的性质分类

(1)**静载**:指由零缓慢地增加(加速度可忽略)到某一定值的荷载,最后的定值即为静载值。

(2)**动载**:指随着时间变化,必须考虑加速度影响的荷载。

3. 按荷载与构件的接触情况分类

(1)**直接荷载**:荷载直接与构件相接触。如人站在楼板上,则人对楼板的作用属于直接荷载。

(2)**间接荷载**:荷载不直接与构件相接触。如人站在楼板上,楼板搭在墙体上,则人对墙体的作用属于间接荷载。

1.3 结点和支座的类型

与静力学、材料力学一样,结构力学的知识也主要以平面内的结构分析和计算为主。在这里我们先讨论一下平面结构构件之间相互联系的结点和支座。

1.3.1 结构的结点

结构中杆件相互的连接处称为**结点**。

两根实际结构的杆件,通常有两种连接形式,如图 1.3(a)和图 1.4(a)所示。在图 1.3(a)中两个杆件之间用钢筋联成整体,再由混凝土浇注定位,两杆件之间没有相对的运动,可以简化为刚结点,刚结点的计算简图如图 1.3(b)所示。在图 1.4(a)中两个杆件之间虽然仍用钢筋和混凝土浇筑成整体,但所用钢筋形式不同,抵抗弯矩的能力较差,两杆件之间的相对运动没有受到约束,所以,可以简化为理想铰结点,计算简图如图 1.4(b)所示。

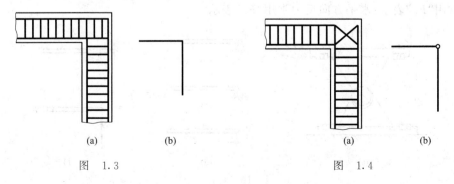

| (a) | (b) | (a) | (b) |
| 图　1.3 | | 图　1.4 | |

在结构的计算简图中,常见的结点有:铰结点、刚结点及组合结点三种,如图 1.5 所示。

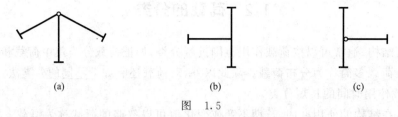

图　1.5

(1)**铰结点**:凡被连接的各杆件,都可以绕着铰中心自由转动,如图 1.5(a)所示。

(2)**刚结点**:各杆件都不能绕着它的结点作杆件之间的相对运动,也就是各杆件之间在结点处位置保持不变,夹角保持不变,如图 1.5(b)所示。

(3)**组合结点**:在同一结点处,有的杆件之间用刚结点连接,而有的又用铰结点连接,如图 1.5(c)所示。此类结点在工程中也比较常见。

1.3.2　结构的支座

支座是指将结构与基础联系在一起的装置。支座的构造形式有很多,依据实际支座的约束特点,在理论力学和材料力学中都提炼出了支座的计算简图。现再次归纳如下。

(1)**可动铰支座**:这种支座的构造如图 1.6(a)、(b)所示,桥梁中的辊轴支座和摇轴支座都属于此种类型。计算简图如图 1.6(c)所示,最常用的是用一根链杆表示的方式。此类支座只能阻止结构沿支承链杆方向移动,如图 1.6(d)所示,反力的方向沿链杆轴向,指向未定,常用符号"F"或"F_R"表示。

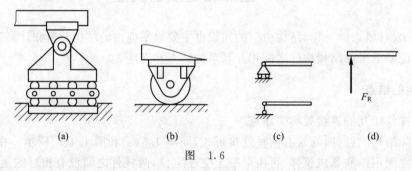

图　1.6

(2)**固定铰支座**:这种支座的构造如图 1.7(a)所示,计算简图如图 1.7(b)~(e)所示,用两根相交的链杆表示。这种支座只允许结构绕铰中心转动,不可以作任何方向的移动,如图 1.7(f)所示,反力可用两个相互垂直的分反力表示,两反力的指向未定。在结构力学中竖直方向的反力常用"F_y"表示;水平方向反力常用"F_x"表示。

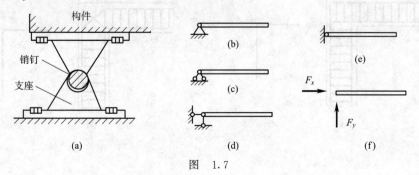

图　1.7

（3）**固定端支座**：这种支座的构造如图1.8(a)中的阳台挑梁及图1.8(b)中的车刀，计算简图如图1.8(c)所示。固定端支座不允许结构对支座作任何移动和转动，其反力有三个，包括任意两个互相垂直的分反力和一个力偶，反力指向和力偶转向未定，如图1.8(d)所示。

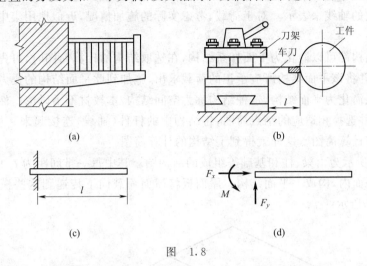

图 1.8

（4）**定向支座**：这种支座的构造如图1.9(a)所示。推拉门上与滑轨相连的滑块，就可视为定向支座，也称为滑动支座。机械工程中气缸对活塞的作用类似于定向支座，计算简图如图1.9(b)所示。它只允许杆件沿与支承面平行的方向产生移动，限制构件在垂直于支承面方向的移动以及绕支座的转动。其约束反力有两个，一个是沿链杆轴向的反力，另一个是抵抗转动的力偶，指向和转向未定，如图1.9(c)所示。

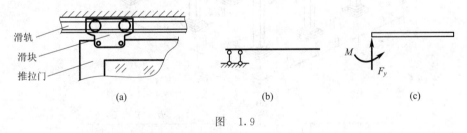

图 1.9

此处只是给出了理想状态的支座形式及计算简图，要想由结构的实际支座简化为合理的计算简图，仅仅依靠如上所述的介绍还很不够，还必须坚持理论联系实际的原则，特别是要积累丰富的实践经验，以便能正确地分析出结构中支座的连接形式。

1.4 结构的计算简图

1.4.1 结构的计算简图

实际构筑物的结构一般都比较复杂，完全按照实际结构进行分析计算，往往是不可能的，同时也是不必要的。因此，必须抓住它的主要特征，略去次要的因素，采用经过简化的模型来代替。这种能够代表实际结构的简化力学模型，就称为此实际结构的**计算简图**。

计算简图是对结构进行力学分析的依据，必须慎重选取。如果各种因素都予以考虑，则计算简图的计算工作量很大，不能被接受；相反如果一个计算简图过于简单，不能反映结构实际受力情况，则计算简图不仅失去了结构计算的意义，而且可能造成工程事故。因此结构的计算简图，应既能够正确地反映实际结构的变形情况和受力特点，又能使结构的计算得到简化。

绝大部分工程结构都可以简化为杆系结构。在杆系结构的计算简图中，同材料力学一样，杆件也都采用它的轴线来表示。对于荷载，考虑实际的施加情况，近似地用集中荷载或分布荷载来表示。

一般杆系结构都可以简化为平面杆系结构，在选取结构的计算简图时，可先将结构体系简化为平面体系，并将该平面结构所应承担的荷载求出，施加到此平面结构的受力处所。当然也有不少结构不能简化为平面结构，这种结构称为空间结构，本教材不予讨论。然后判明结构杆件之间的连接，并选择相适应的结点简图，将结构中的杆件（轴线）连接起来。最后审定支座，选取适当的支座计算简图。这样就得到了结构的计算简图。

图 1.10(a)所示为由梁、柱和基础等组成的结构图。其中每一排间距为 l_1 的横向梁、柱和基础处在一个平面内，构成一平面结构。屋面板将屋面荷载向下传递到这些横向的平面结构上，如图 1.10(c)所示。

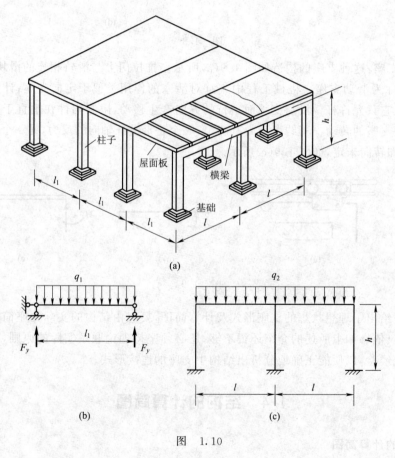

图　1.10

图 1.10(a)所示结构的计算简图，可以分解为两个部分讨论。一是屋面板，它简支在横向平面结构之上，屋面板的计算简图如图 1.10(b)所示，为简支梁。设屋面板的自重荷载为 p，单位为 kN/m^2。通常对板可取 1 m 宽计算，于是屋面板的荷载 q_1 为

$$q_1 = 1 \times p = p \quad (kN/m)$$

另外一部分就是横向平面结构[图 1.10(c)]，也就是支承屋面板的结构，对中间二排平面

结构,受两侧屋面板的作用,反力为 $2F_y$(不计横梁自重),横向结构的荷载 q_2 与 $2F_y$ 两者互为反作用,有:

$$q_2 = 2F_y = 2\left(\frac{q_1 l_1}{2}\right) = q_1 l_1 = p l_1 \quad (kN/m)$$

横向结构的杆件连接,取图 1.3 的刚性连接形式,钢筋混凝土结构一般多用此种连接。对于支座,要看柱子、基础和地基的实际情况而定。如果柱子与基础连接为一体可抵抗弯矩,而且地基又良好,变形很小,此时支座可视为固定端支座,如图 1.10(c) 所示。图 1.10(b) 和图 1.10(c) 就是图 1.10(a) 所示结构的计算简图。如以图 1.10(c) 为主体,也可说图 1.10(c) 就是图 1.10(a) 结构的计算简图。

结构力学将只对结构的计算简图进行分析和讨论。

1.4.2　结构的分类

平面杆系结构是本书分析的对象,按照它的构造和力学特征,可分为五类:

(1)**梁**:以受弯为主的直杆称为直梁。本书主要讨论直梁,较少涉及曲梁,更不考虑曲率对曲杆的影响。梁有静定梁和超静定梁两大类,如图 1.11 所示。

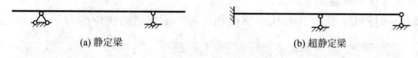

(a) 静定梁　　　　　　　　　　(b) 超静定梁

图　1.11

(2)**拱**:拱多为曲线外形,它的力学特征在以后讨论拱时再说明。常用的拱有静定三铰拱和超静定的无铰拱及两铰拱三种,分别如图 1.12 所示。

(a) 三铰拱　　　　　(b) 无铰拱　　　　　(c) 两铰拱

图　1.12

(3)**刚架**:刚架由梁和柱等杆件构成,杆件之间的连接多采用刚结点。通常分为静定刚架和超静定刚架两类,如图 1.13 所示。

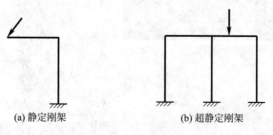

(a) 静定刚架　　　　　　　　(b) 超静定刚架

图　1.13

(4)**桁架**:桁架由端部都是铰结的直杆构成,理想桁架的荷载必须施加在结点上,如图 1.14 所示,通常分为静定桁架和超静定桁架两种。

(5)**组合结构**:它是由桁架式直杆和梁式杆件组合而构成的结构,如图 1.15 所示。图中,

AB 杆具有多个结点,属梁式杆件,杆件 AD,CD…是端部为铰结的桁架式直杆。组合结构也有静定和超静定之分。

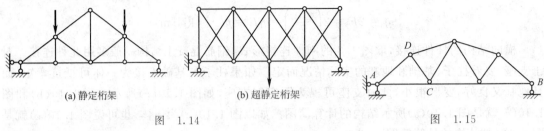

(a) 静定桁架　　　　　　(b) 超静定桁架

图　1.14　　　　　　　　　　　　　　　　图　1.15

 知识拓展

　　当今工程技术发展日新月异,建筑中各种新型结构大量出现,这给工程力学提出了许多课题,也为工程力学的发展提供了广阔的空间。近年来还出现了许多力学的边缘学科,如生物力学、地质力学等,但这些边缘学科的发展都离不开基础的力学知识,经典力学仍然体现出极强的生命力,而且也在不断地向前发展。

　　给大家看一组照片(图 1.16),从中感受和思考一下建筑结构中的力学美。

图　1.16

本章小结

1.1 结构力学的研究对象主要是杆系结构;结构力学的主要任务是研究结构的内力和位移的计算。

1.2 平面杆系结构是本书分析的对象,按照它的构造和力学特征,可分为梁、拱、刚架、桁架和组合结构五类。结构中有刚结点、铰结点和组合结点等不同的结点。结构中的支座可分为固定铰支座、可动铰支座、固定端支座及定向支座等不同的支座。结构承受的荷载可分为恒载、活载、静载、动载、直接荷载和间接荷载等不同的荷载。

复习思考题

1.1 认识以下图示结构,了解其计算简图,并说明它们各为何种结构类型。

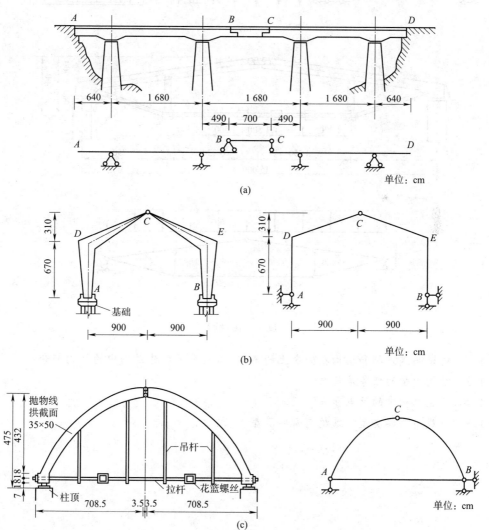

题 1.1 图

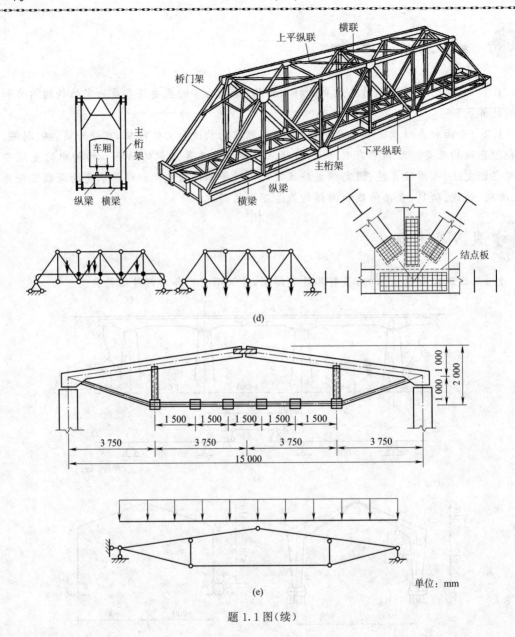

(d)

(e)

单位：mm

题 1.1 图（续）

1.2 请说明建筑物和结构在概念上的不同，试例举一些建筑物中的结构部分。

1.3 结构力学的任务是什么？

1.4 简述结构中的结点和支座。

1.5 荷载有哪些类型？结构有哪些类型？

2 平面体系的几何组成

本章描述

本章讲述平面体系自由度的计算;平面体系的几何组成规则;用平面体系的几何组成规则分析体系的几何组成;确定结构的静定及超静定性;掌握结构的构造特征。

教学目标

1. 知识目标

掌握结构的构造特征。

2. 能力目标

能对平面体系的自由度进行计算;能用简单组成规则进行体系组成分析;了解静定及超静定结构的概念。

3. 素质目标

培养学生科学严谨的学习态度,并把所学理论与实践结合起来,拓展思维方式,开发智力,为后续课程打下基础。

相关案例——结构的组成形式

在图 2.1 所示厂房中,有基础、立柱、横梁、顶板等构件,这些构件是如何连接的? 又如,在如图 2.1 中部两立柱之间,为何有两个交叉的连接杆件,而在其他部分之间却没有?

图 2.2 所示桥梁是何种结构形式,其简化的计算简图是静定结构还是超静定结构? 为什么? 本章将对这些问题进行分析。

图 2.1

图 2.2

2.1 几何组成分析的目的

2.1.1 几何组成分析的概念

一般将由若干杆件构成的一个整体,称为**体系**,而不能直接叫做结构。具有稳固的几何形状和位置的体系称为**几何不变体系**。如图 2.3(a)所示的体系,若不考虑材料的微小变形时,能保持其几何形状和位置不变。又如图 2.3(b)所示的体系,即使在很小的外荷载 P 的作用下,各杆件也会发生相对的机械运动,不能保持其原有的形状和位置,这样的体系,称为**几何可变体系**。

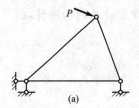
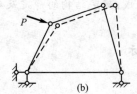

图 2.3

显然,几何可变体系不能作为工程结构使用。就体系的几何形状和位置是否可变,进行体系的几何组成分析,称为**体系的几何组成分析**或机动分析。

2.1.2 几何组成分析的目的

平面体系几何组成分析的目的:

第一,在结构设计和选定计算简图时,必须分析它是否几何不变,从而决定它能否在工程结构上使用。

第二,为了确定结构是静定还是超静定,以便采取相应的计算方法。

第三,通过平面体系几何组成分析,掌握结构的构造特征,为后续的结构计算打下基础。

2.2 平面体系的自由度

2.2.1 平面体系的自由度

判断体系是否几何可变,可从体系中的刚片是否会发生机械运动着手分析,也就是分析体系自由度。所谓**体系的自由度**,是指一个体系运动时,可以独立变化的几何参数的数目。这个数目,就是用来确定该体系的位置所必须的独立坐标数目。

如果要在平面内确定一个点的位置,可用平面直角坐标系的两个坐标变量 x 和 y 来度量,如图 2.4(a)所示,如果 x 和 y 发生变化该点就发生运动,如果 x 和 y 不变该点就没有运动的自由,故平面内一个点的自由度等于 2。如果要在平面内确定一个刚片的位置,其在平面内运动时,它的位置可由刚片上面任一点 A 的坐标(x,y)和过 A 点的任一直线 AB 的倾角 φ 三个参数确定,如图 2.4(b)所示,所以一个刚片在平面内的自由度等于 3。

由体系自由度的定义和上述分析可知,在通常的情况下,若一个体系有 n 个方向独立的运动,就说明这个体系有 n 个自由度。

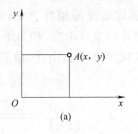 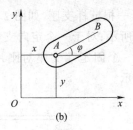

图 2.4

在进行几何组成分析时,由于略去了材料的弹性变形,因而可将被判明为几何不变的体系视为一个**刚体**,如一根梁或一个链杆或它们的组合等,在平面体系中常称为**刚片**。

2.2.2 各种约束的分析

体系的自由度,可因在体系内加入某些装置使刚片运动受到限制而减少,减少自由度的装置称为**联系**或**约束**。

(1)链杆约束

用一根链杆 AB 将刚片与基础相联结,如图 2.5(a)所示。因 A 点不能沿链杆 AB 方向移动,故刚片只有两种运动的可能,即绕 A 点转动或刚片随链杆上的 A 点绕 B 点转动,刚片的自由度由原来的 3 减为 2。故一根链杆为一个联系或一个约束。

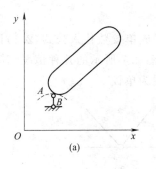 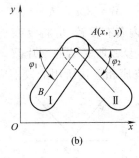 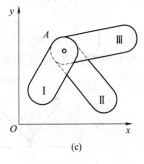

图 2.5

(2)单铰约束

如图 2.5(b)所示,用一个铰 A 联结两个刚片。刚片 Ⅰ 的位置可由 A 的坐标 (x,y) 和直线 AB 的倾角 φ_1 来确定,因此,它的自由度为 3;若刚片 Ⅰ 的位置已确定,则刚片 Ⅱ 就只有绕 A 点转动的自由,其位置用倾角 φ_2 就可以完全确定,因而减少了两个自由度。这样两个刚片的自由度由 6 减少为 4。可见,用铰 A 联结两个刚片减少了两个自由度。将这种联结两个刚片的铰称为**单铰**。显然,一个单铰相当于两个联系,即相当两根链杆的约束。反之,同时联结两刚片的两根链杆,也相当于一个单铰的作用。

(3)复铰约束

将同时联结两个以上刚片的铰称为**复铰**。如图 2.5(c)所示,刚片 Ⅰ、Ⅱ、Ⅲ 共用一个复铰联结。若刚片 Ⅰ 的位置已确定,则刚片 Ⅱ 和 Ⅲ 只能绕 A 点转动,从而各减少了两个自由度。故此,联结三个刚片的复铰,实际上相当于两个单铰。由此可推知:联结 n 个刚片的复铰,其作用相当于 $(n-1)$ 个单铰。

关于支座的约束,在计算自由度时,可将不同形式的支座化为链杆支座。如上一章所述,可动铰支座相当于一根链杆支座，如图 2.6(a)所示；固定铰支座相当于一个单铰，即两根链杆约束，如图 2.6(b)所示；对于一个定向支座，可减少刚片两个自由度，相当于两根链杆支座，如图 2.6(c)所示；而一个固定端支座对刚片的约束，可减少 3 个自由度，故相当于三根链杆支座，如图 2.6(d)所示。

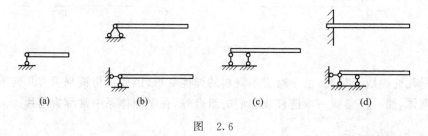

图　2.6

2.2.3　自由度的计算

一个平面体系，通常可以看成是由若干个刚片加入某些联系，并用支座链杆与基础相联结而组成的。因此，在计算体系自由度时，首先应按照各刚片都处在自由的情况下，算出其自由度的数目，然后减去体系加入的某些联系（包括支座）数，便得到该体系的自由度。

如用 W 表示平面体系的自由度数，m 表示其刚片数，h 表示其联结的单铰数，r 表示其支座链杆数，则平面体系自由度的计算公式为：

$$W = 3m - 2h - r \tag{2.1}$$

注意：式中的 h 是单铰数，体系内若有复铰，应将复铰折算成单铰数代入公式(2.1)计算。把复铰折算成单铰时，应正确识别该复铰所联结的刚片数，如图 2.7 所示的几种情况，其相应的单铰数分别为 1、2、3。而刚片与支座相连接所用的铰不应视为单铰。

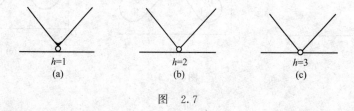

图　2.7

【**例 2.1**】　计算如图 2.8(a)所示的体系的自由度。

【**解**】　方法一：该体系共有 7 根杆件，若将每一根杆件均视为一个刚片，则刚片总数 m 为 7。把联结这些刚片的单铰和复铰都折算成单铰数，如图 2.8(b)所示，h 共 9 个。支座链杆数只有固定铰和可动铰，r 为 3。由公式(2.1)可算得体系的自由度为

$$W = 3m - 2h - r = 3 \times 7 - 2 \times 9 - 3 = 0$$

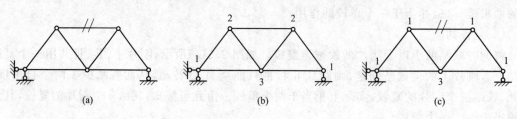

图　2.8

方法二：如果把上题所示的桁架中打"//"的构件视为体系中联系的链杆，而不是刚片，则刚片数 m 为6。把联结这些刚片的单铰和复铰，都折算成单铰数，如图2.8(c)所示，h 共7个。体系的链杆数除了支座处有3个联系外再加上"//"处的链杆，r 共计为4。由公式(2.1)可算得体系的自由度为

$$W=3m-2h-r=3\times6-2\times7-4=0$$

结果与前解结果相同。读者可以再变化其他刚片及联系进行计算，其结果应当是相同的。

【例2.2】　计算如图2.9所示的体系的自由度。

【解】　该体系共有7根杆件，若将每一根杆件均视为一个刚片，则刚片总数 m 为7。各刚片联结处的单铰数如图中标示，折算成单铰数 h 共9个。没有与基础联系的支座，则链杆数 r 为0。由公式(2.1)可算得体系的自由度为

$$W=3m-2h-r=3\times7-2\times9-0=3$$

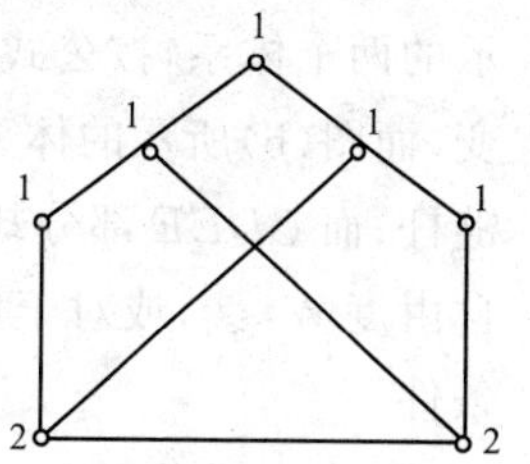

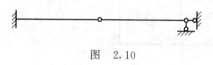

图　2.9

【例2.3】　计算如图2.10所示的体系的自由度。

图　2.10

【解】　该体系共有两根杆件，若将每一根杆件均视为一个刚片，则刚片数 m 为2。单铰只有一个，$h=1$。与基础的联系，左端支座为固定端支座，视为3个联系，右端支座为固定铰支座，有两个联系，则链杆数 r 为5。由公式(2.1)可算得体系的自由度为

$$W=3m-2h-r=3\times2-2\times1-5=-1$$

【例2.4】　计算如图2.11所示的体系的自由度。

【解】　该体系共有4根杆件，若将每一根杆件均视为一个刚片，则刚片数 m 为4。各刚片联结处的单铰数如图中标示，$h=4$。与基础联系的链杆数 r 为3。由公式(2.1)可算得体系的自由度为

$$W=3m-2h-r=3\times4-2\times4-3=1$$

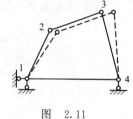

图　2.11

2.2.4　体系几何不变的必要条件

由以上几个例题可见体系的自由度可为正、负或等于0。

任何平面体系对于大地的自由度，按照公式(2.1)计算的结果，将有以下三种情况：

(1)若 $W>0$，表明体系缺少足够的联系，体系必定是几何可变的。

(2)若 $W=0$，表明体系具有保证几何不变所需的最少联系数。

(3)若 $W<0$，表明体系具有多余的联系。

因此，相对于大地的一个几何不变体系，必须满足自由度 $W\leqslant0$ 的条件。

如果不考虑支座，而是相对地检查体系本身的几何不变时，由于几何不变体系本身可视为一个刚片，它在平面内相对于基础有三个自由度，因此，体系离开基础的联系，本身为几何不变时，须满足 $W\leqslant3$ 的条件。

例如对图2.11所示的体系，经过前面计算可知，其自由度 $W=1$，则必为几何可变体系。

图2.8所示的体系，其自由度 $W=0$，满足了几何不变的必要条件。

图2.9所示的体系，$W=3$，由于该体系与基础没有联系，所以该体系自身满足了几何不变的必要条件。

图 2.10 所示的体系,$W=-1$,则该体系有多余的联系,但其也满足几何不变体系的必要条件。

表示体系运动情况的自由度,不应该有负值。当按公式(2.1)计算结果 $W<0$ 时,这就表明体系上一定有某些联系对于约束体系运动是多余的,或者说它们不能起减少自由度的作用,这些联系称为**多余联系**。

总之,对于一个几何不变的平面体系,其自由度对基础而言,必须满足 $W\leqslant0$;对于体系本身应满足 $W\leqslant3$ 的条件。但是只满足上述条件,还不能确定体系是否几何不变。如图 2.12 所示的两个体系,按公式(2.1)计算,两体系的自由度 W 均等于零,但图(a)所示的体系为几何不变,而图(b)所示的体系为几何可变。这是因为图(b)所示的体系,其内部 $ABCD$ 部分多一根链杆;而 $CDEF$ 部分却少一根链杆,因而此部分仍然会发生相对运动。因此,对于大地体系的自由度 $W\leqslant0$,或对于体系本身 $W\leqslant3$,只是**平面几何不变体系组成的必要条件**,而不是充分条件。

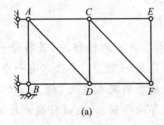 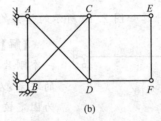

(a)　　　　　　　(b)

图　2.12

判别体系是否为几何不变,尚需进一步研究几何不变体系的几何组成规则。

2.3　几何不变体系的简单组成规则

上节介绍了体系几何不变的必要条件,本节将研究几何不变体系组成的充分条件。

2.3.1　两刚片规则

两刚片规则:两个刚片用三根既不完全平行,也不汇交于一点的链杆相联,就构成没有多余联系的几何不变体系。

如图 2.13(a)所示,刚片Ⅰ和刚片Ⅱ用两根相交与 O 点的不平行的链杆 AB 和 CD 相联结。设刚片Ⅰ固定不动,则 A、C 两点为固定;当刚片Ⅱ运动时,其上 B、D 两点可各自沿与 AB 和 CD 杆垂直的方向运动。刚片Ⅱ的相对运动,从运动学知识可知,此体系组成四链杆机构,O 点为刚片Ⅰ和Ⅱ的**相对转动瞬心**,体系为可变体系。此情形类似把刚片Ⅰ和刚片Ⅱ用单铰在 O 点相联结,即两根链杆的约束作用相当于一个单铰,这个铰的位置在此两根链杆的延长线交点;但此铰的位置,随链杆位置的变动而作改变,这种铰称为**虚铰**。分析时应当注意,只有连接在相同的两个刚片的两根链杆才能构成虚铰。

若在上述体系中再加上一根不通过 O 点的链杆,如图 2.13(b)所示,链杆 EF 的延长线与链杆 CD 及 AB 的延长线交于另两个相对转动瞬心,这样刚片Ⅰ和刚片Ⅱ不可能同时绕三个点转动,则该体系为几何不变体系,而且是没有多余联系的几何不变体系。

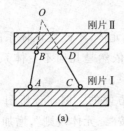 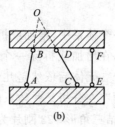

图　2.13

由于两根链杆的约束作用,相当于一个单铰的约束,故两刚片规则还可叙述为"两刚片用一个铰和一根不通过该铰中心的链杆相联,组成没有多余联系的几何不变体系",如图 2.14 所示。

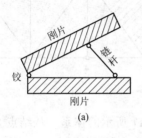 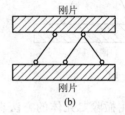

图　2.14

2.3.2　三刚片规则

三刚片规则:三个刚片,用不在同一直线上的三个单铰两两相联,就构成没有多余联系的几何不变体系,如图 2.15(a)所示。

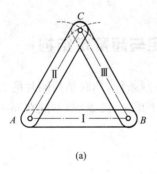 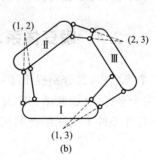

图　2.15

这里所指的两两相联,是指每两个刚片之间均用一个单铰联结。该体系为一个基本的铰接三角形,其自身不会发生几何形状改变。因此,这样组成的体系,是没有多余联系的几何不变体系。

在上述联结三个刚片的三个铰中,可以部分或全部都是虚铰。如图 2.15(b)所示的体系,为三个刚片用不在同一直线上的三个虚铰两两相联,也是没有多余联系的几何不变体系。

2.3.3　二元体规则

二元体是指用一个铰结点联结的不在一条直线上的两根链杆,如图 2.16 中 B 结点相连

的 BA 和 BC 两链杆。

二元体规则:在一个体系中,增加或拆除一个二元体,不改变该体系的几何组成状态。即原体系为几何不变的,在增加或拆除一个二元体后依然是几何不变体系;原体系为几何可变的,在增加或拆除一个二元体后依然是几何可变体系。

利用"二元体规则",在分析某些体系时是比较方便的。例如分析图 2.17 所示的体系,首先可任选一个基本铰结三角形 123 刚片为基础,再按"二元体规则",增加一个二元体 143 得结点 4,便得到几何不变体系 1234。类似又以 1234 刚片为基础,增加一个二元体得结点 5……如此依次增加二元体,可知最后得到的体系是一个无多余联系的几何不变体系。

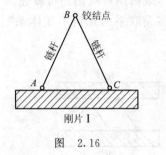

图 2.16

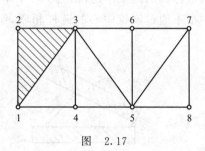

图 2.17

反之,也可以用撤除二元体的方法来分析图 2.17 所示的体系。从结点 8 开始撤除一个二元体 587,然后依次拆除结点 7、6、5……的二元体,最后剩下的铰结三角形 123 是个基本铰接三角形,故知原体系是一个几何不变体系,且没有多余联系。

当然,若撤除二元体后,所剩下的部分是几何可变的,则原体系必定也是几何可变的。

注意:二元体一定是用一个铰结点联结的不在一条直线上的两根链杆。如图 2.17 中,整体状态下不能把 143 等直接视为二元体,因为 4 结点上还连有 45 杆,只有在 123 刚体上加二元体时,或拆除了其他杆件后才能视为二元体。

2.4 瞬变体系、静定与超静定结构

前节论述的三个规则中,都分别提出了一些限制条件,如联结两刚片的三根链杆不能完全交于一点,也不能完全平行;又如联结三刚片的三个单铰(或虚铰)不能在同一直线上等等。如果体系中存在这种特殊条件下的联结会如何呢?

2.4.1 瞬变体系

如图 2.18(a)所示的两个刚片,用三根链杆相联,当三根链杆的延长线相交于一点 O 时,两个刚片就可绕 O 点作相对转动。但发生微小转动后,三根链杆不再相交于一点,从而两个刚片不再继续发生相对转动。将这种在某一瞬时可产生微小运动的体系称为**瞬变体系**。

又如图 2.18(b)所示,当两个刚片用完全平行但不等长的三根链杆联结时,可认为三根链杆相交于无穷远处。此时的两刚片可以沿着与链杆垂直的方向发生相对移动。当发生微小的相对移动后,三根链杆就不再相互平行了,这种体系也是瞬变体系。

图 2.18(c)或(d)所示的是两刚片用三根链杆相联的特殊情况。图(c)是三根链杆交于一点;图(d)是三根链杆平行且等长。显然,二者都可以发生相对而持续的运动,即两者均为几何可变体系。

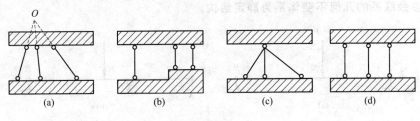

图 2.18

再如图 2.19(a)所示的体系中,A、B、C 三铰共线。当刚片 I、II 分别绕铰 A、B 转动时,在 C 点处两圆弧有一公切线,此时,铰 C 沿此公切线作微小的移动。移动之后,三个铰就不再位于同一直线上,运动就不再继续发生,故此体系亦为瞬变体系。

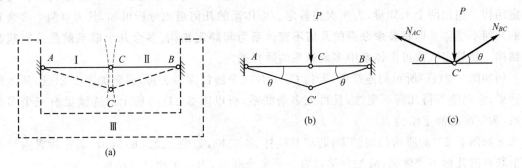

图 2.19

2.4.2 瞬变体系的内力状况

现在分析如图 2.19(a)所示的瞬变体系中构件 AC 和 BC 的内力。当在 P 力作用下体系的 C 铰结点发生微小移动至 C' 点时,铰结点 C' 的受力如图 2.19(c)所示,其倾角 θ 理论上应该非常微小。由静力学及材料力学知识可知:当 θ 减小时,杆件所受轴力 N 值便增大。若 $P \neq 0$,而 $\theta \rightarrow 0$ 时,$N \rightarrow \infty$,即构件 AC 和 BC 的内力将达到无穷大,从而导致体系的破坏。

综合上述分析可知,在体系几何组成规则中,提出某些限制条件是必要的,可以防止瞬变体系的产生。在工程上不能采用可变体系及瞬变体系。作为工程结构一定是几何不变体系,而且对接近瞬变的体系也尽量避免。

2.4.3 静定与超静定结构

在静力学中我们已经学习过静定与超静定及超静定次数的概念。当时是以是否能用静力平衡方程完全求解来判定的。而几何组成分析,除可判定体系是否几何不变外,也可以说明体系是否静定、超静定及超静定次数,且更加方便。

由前所述,用来作为工程结构的杆件体系,必须是几何不变的。而几何不变体系,又可分为无多余联系和具有多余联系两类。后者的联系数目,除满足几何不变体系的要求外尚有多余。结构也同样分为无多余联系和有多余联系的两类结构。

对于图 2.20(a)所示的简支梁,是无多余联系的结构。由静力学可知,梁的全部反力和内力,都可由静力平衡条件的 3 个独立方程,即 $\sum F_x = 0$,$\sum F_y = 0$,$\sum M = 0$ 求得,且有确定的值,这类结构为静定结构。由体系的几何组成分析可知,其为没有多余联系的几何不变体系,即没有多余联系的几何不变体系为静定结构。

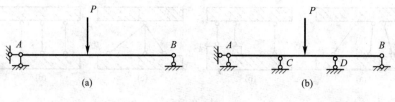

图　2.20

对于图 2.20(b)所示的结构,是有多余联系的结构,不能用静力平衡条件求得全部梁的支座反力和内力值。这是因为图 2.20(b)支座反力共有 5 个,即有 5 个未知量,而独立的静力平衡方程只有 3 个,独立平衡方程数少于未知支座反力数,方程无法完全求解,故这类结构为超静定结构。超出两个未知量,为两次超静定。由体系的几何组成分析可知,其为有两个多余联系的几何不变体系即**有多余联系的几何不变体系为超静定结构,多余几个联系就是几次超静定结构**。超静定次数可由体系中多余联系的数目确定。

例如图 2.21(a)所示的连续梁,若将 C、D、B 三个链杆逐一去掉,得到如图 2.21(b)所示的悬臂梁,它仍能保持几何不变性,且再无多余联系,所以图 2.21(a)所示的连续梁有三个多余联系,为三次超静定结构。

又如图 2.22(a)所示的加劲梁,若将其链杆 ab 去掉,如图 2.22(b)所示,则它就成为没有多余联系的几何不变体系,故加劲梁具有一个多余联系,为一次超静定结构。

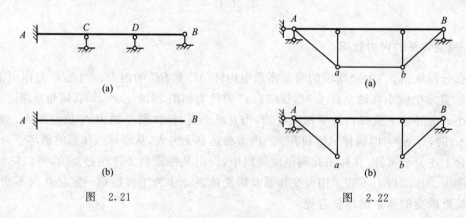

图　2.21　　　　　　　　　　　　图　2.22

2.5　几何组成分析举例

本节将通过例题说明如何对体系作几何组成分析。

2.5.1　几何组成分析的步骤

在进行体系的几何组成分析时,首先利用公式(2.1)计算体系的自由度 W,检查其是否具备足够数目的联系,即体系是否满足几何不变的必要条件。如果体系满足 $W \leqslant 0$,或对于体系本身满足 $W \leqslant 3$ 的条件,然后再依据前面所述的几个简单组成规则,进行几何组成分析。

对于比较复杂的体系,宜先判定几何不变部分,将几何不变部分视为刚片,或撤除二元体,使体系的组成简化后再分析。

通常对简单体系,也可略去自由度的计算,直接利用上述简单组成规则,进行几何组成分析。

2.5.2　几何组成分析举例

【例 2.5】　试对图 2.23(a)所示的体系进行几何组成分析,并指出该体系有无多余联系。

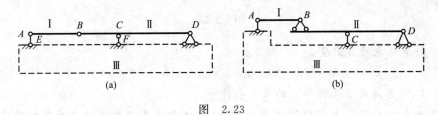

图　2.23

【解】　首先按公式(2.1)计算体系的自由度:
$$W=3m-2h-r=3×2-2×1-4=0$$
因 $W=0$,体系满足了几何不变的必要条件。

几何组成分析:取基础为刚片Ⅲ,BCD 杆为刚片Ⅱ,刚片Ⅱ与Ⅲ用一个铰 D 和一个不通过铰 D 的支座链杆 F 相联,符合"两刚片规则",体系为几何不变。再则可以将Ⅱ、Ⅲ看成一块大刚片,在此大刚片上增加 BAE 二元体,符合"二元体规则",故体系为几何不变且无多余联系。或如图 2.23(b)所示,视 AB 为一刚片,与刚Ⅱ+Ⅲ组成的大刚片符合"两刚片规则"同样得出体系为几何不变且无多余联系。

为方便表达,我们可以在图中圈画出体系中的部分刚片,以辅助说明。

【例 2.6】　试对图 2.24 所示的体系进行几何组成分析,并指出该体系有无多余联系。

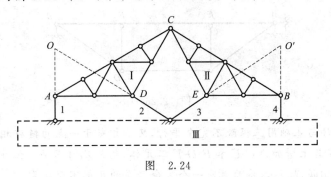

图　2.24

【解】　首先按公式(2.1)计算体系的自由度:
$$W=3m-2h-r=3×26-2×37-4=0$$
因 $W=0$,体系满足了几何不变的必要条件。

由观察可知,ADC 和 BEC 两部分均为几何不变(分析略),故可视为两个刚片,分别用Ⅰ和Ⅱ表示,将基础视为刚片Ⅲ。这样,刚片Ⅰ、Ⅲ用链杆 1、2 相联,相当于用虚铰 O 相联;同理,刚片Ⅱ和Ⅲ相当于用虚铰 O' 相联;而刚片Ⅰ和Ⅱ则用实铰 C 相联。由图可知,此三铰 O、O' 和 C 不共线,符合"三刚片规则"要求,满足了几何不变的充分条件,故此体系为几何不变体系,且无多余联系。

【例 2.7】　试对图 2.25(a)所示的体系,进行几何组成分析。

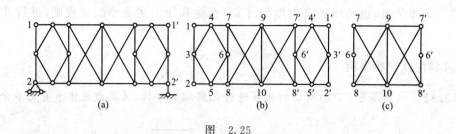

图　2.25

【解】　计算体系的自由度：

$$W=3m-2h-r=3\times 33-2\times 48-3=0$$

因 $W=0$，体系满足了几何不变的必要条件。

将此体系中的 1-2-2′-1′ 部分简称为 A 体系，A 体系与基础联系的支座链杆只有三根，其本身与基础是按"两刚片规则"组成的，因此，只须对 A 体系本身进行分析即可。A 体系本身如图 2.25(b) 所示，分析时，可从左、右两边按结点 1、2、3……和 1′、2′、3′……的顺序，依次拆除二元体，当拆到结点 6(6′)时，得到如图 2.25(c) 所示的 B 体系，B 体系中部可以分析为：由杆 9-10 上加二元体 10-7-9、10-8-9(10-7′-9、10-8′-9)仍为几何不变体系，再加杆 6-7、6-8(6′-7′、6′-8′)时发现，他们与 B 体系中部可视为三个刚片，用个三共线的铰相联，不满足三刚片规则的充分条件，故此体系为一瞬变体系。

此处也可以这样处理，把中间的 9-10 链杆作为基本刚片，按结点 8、7、6(8′、7′、6′)的顺序，依次增加一元体来分析。同样可以发现，当增加到结点 6(6′)时，两链杆共线，故此体系为瞬变体系。

【例 2.8】　试对图 2.26 所示的体系进行几何组成分析。

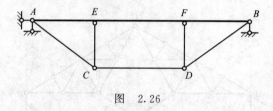

图　2.26

【解】　刚片 AB 与基础用三根既不完全平行，又不相交于一点的链杆相联，成为一个几何不变部分，再分别在其上增加 A-C-E 和 B-D-F 二元体，仍为几何不变。但在两个二元体间，还多余一根链杆 CD 相联，故此体系为具有一个多余联系的几何不变体系。

【例 2.9】　试对图 2.27 所示的体系进行几何组成分析。

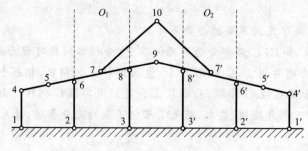

图　2.27

【解】 依次拆除二元体 7-10-7′、1-4-5 和 1′-4′、-5′，剩下的部分便可看成是三个刚片。5-9、5′-9 和基础用两个虚铰 O_1、O_2 及实铰 9 两两相联，两虚铰都由两对平行链杆构成在无穷远处，故两虚铰 O_1、O_2 在无穷远处相交，因而相当于三个铰在同一直线上，故此体系为瞬变体系。

 知识拓展

试对图 2.28(a)所示的体系，以图 2.28(b)和图 2.28(c)的两种刚片认定提示，进行几何组成分析，看结果如何？

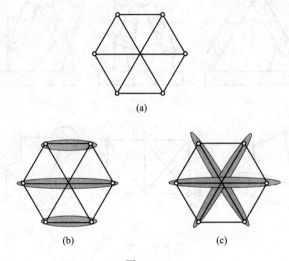

图　2.28

 本章小结

2.1 本章研究了体系几何组成的分析方法。

2.2 平面体系自由度的概念及自由度的计算公式：$W=3m-2h-r$。

2.3 几何不变体系的组成规则：

(1)两刚片规则；

(2)三刚片规则；

(3)二元体规则。

 复习思考题

2.1 简述体系的自由度的概念。如何计算体系的自由度？

2.2 当自由度大于零、等于零和小于零时体系的状态如何？

2.3 进行体系几何组成分析的目的是什么？

2.4 指出题 2.4 图所示体系各符合什么组成规则。

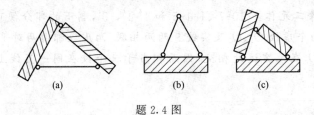

题 2.4 图

2.5 指出题 2.5 图所示体系中 A、B、C 各点处为何种铰的联系？体系的组成结果为何体系？

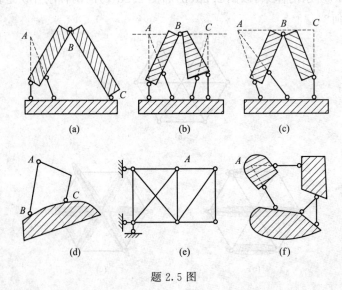

题 2.5 图

2.6 指出题 2.6 图所示体系中符合两刚片规则的体系和符合三刚片规则的体系。

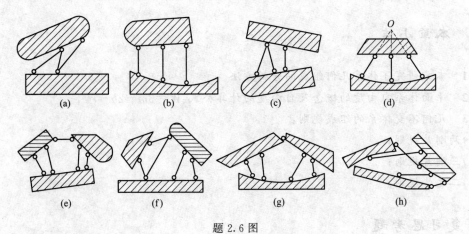

题 2.6 图

2.7 计算题 2.7 图示体系的自由度（对大地）。

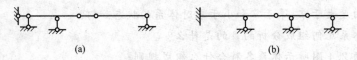

题 2.7 图

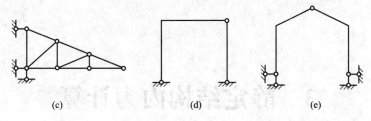

题 2.7 图(续)

2.8 对题 2.8 图示体系进行几何组成分析。

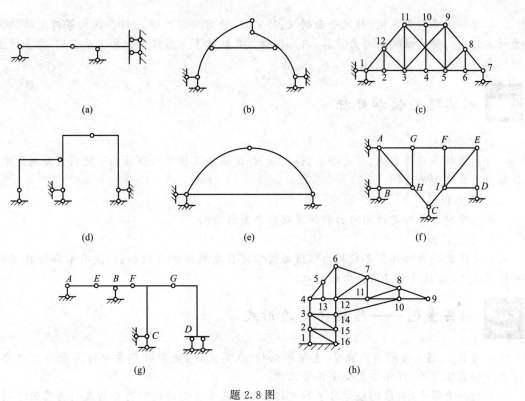

题 2.8 图

3 静定结构内力计算

 本章描述

本章讲述多跨静定梁、静定平面刚架、静定拱、静定桁架及静定组合结构等静定结构的内力计算方法。静定结构的内力计算、内力图绘制是结构力学后续知识的重要基础,要求学生要熟练掌握。

 拟实现的教学目标

1. 知识目标

分别掌握多跨静定梁、静定刚架、静定拱、静定桁架及静定组合结构等的内力分析方法,能计算内力及绘制内力图。

2. 能力目标

熟练掌握各种静定结构内力的计算及内力图的绘制。

3. 素质目标

静定结构的内力计算是结构力学所必需掌握且要熟练掌握的知识,没有本部分扎实的分析运算能力,后续的学习将会比较困难。

 相关案例——结构的受力形式

如图3.1、图3.2所示的桥梁、支架等结构,在其建设、使用时都要分析其受力及内力,进而再分析其强度等,以保证其安全正常工作。

在材料力学中,虽然已经学习了等直杆在各种基本变形时的内力分析及内力图的绘制,但主要针对的是单一构件。本章中的静定结构,比材料力学中的静定结构要复杂。有些静定结构是多构件的基本变形,如多跨静定梁(只有弯曲变形)和桁架(只有轴向拉压变形);有些是多构件的组合变形,如刚架(一般都有弯曲和轴向拉压变形)。虽然结构复杂了,但材料力学中学过的内力分析方法和内力图绘制方法、原理仍然适用于多构件结构问题的分析。本章将研究多跨静定梁、静定平面刚架、桁架和三铰拱等静定结构的内力分析计算及内力图的绘制。

图 3.1

图 3.2

3.1 多跨静定梁

3.1.1 多跨静定梁的组成

多跨静定梁是用铰把若干根短梁联结起来,并用支座联结在基础上而得到的静定结构。这种结构可以用较合理的结构形式达到较大的跨度,且其受力情况优于相应的一连串简支梁,故在桥梁上常被采用。图 3.3 所示为一多跨静定桥梁。

图　3.3

图 3.3 中的桥梁可画成如图 3.4(a)所示的桥梁,其计算简图如图 3.4(b)所示。

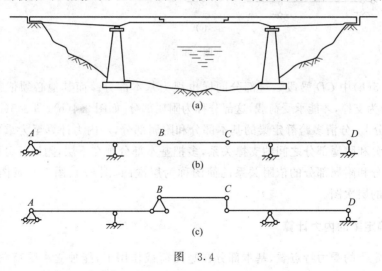

图　3.4

房屋建筑中的木檩条,有时也采用这种形式,如图 3.5 所示。

还有一些桥梁的结构也为多跨静定梁形式,如图 3.6 所示。

多跨静定梁的形式可以有多种样式,如图 3.4～图 3.6 所示。但从其计算简图的几何组成看,其中部分梁直接与基础相连而成为几何不变部分[如图 3.4(b)、图 3.5(b)及图 3.6(b)中 AB 梁段],该部分自身不依靠其他部分即可独立承受荷载,维持平衡,此部分称为基本部分。如果仅在竖向荷载作用下,部分梁也能不依靠其他部分独立承受荷载,维持平衡[如图

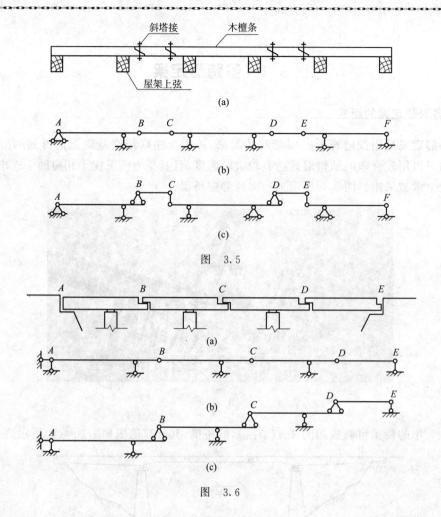

图　3.5

图　3.6

3.4(b)及图 3.5(b)中 *CD* 梁段]，这部分同样也视为基本部分。而其他必须依靠在基本部分上，以基本部分为支撑，才能承受荷载，这部分称为附属部分[如图 3.4(b)、图 3.5(b)及图 3.6(b)中的 *BC* 等部分]。分清多跨静定梁的基本部分和附属部分，对内力计算至为重要。为更清楚地表明基本部分和附属部分之间的支撑关系，多把基本部分画在下层，附属部分画在上层。这种反映基本部分和附属部分的依附关系的简图称为层次图，图 3.4、图 3.5 及图 3.6 中的(c)图即为各结构的层次图。

3.1.2　多跨静定梁的内力计算

从多跨静定梁的受力特点看，基本部分在竖向荷载作用下，能独立承受荷载而维持平衡。当荷载作用于基本部分时，只有基本部分受力，所受力由支撑基本部分的支座承受，不会把力传到附属部分，此时附属部分不受此外力的影响。但当荷载作用于附属部分时，不仅附属部分受力，而且通过与基本部分联结处的铰，还能将荷载效应传给基本部分，使基本部分也受到影响。计算多跨静定梁的内力时，显然不能直接计算基本部分，而应该是先计算附属部分，将求出的附属部分的约束反力，再反向（即反作用力）加到基本部分，作为基本部分的荷载之一，这样方可进行基本部分的计算。

多跨静定梁的计算步骤，需要先做出多跨静定梁的层次图，将多跨梁拆分成多个单跨梁，然后以先附属后基本的顺序分别计算,再把各单跨梁的内力图连在一起,就得到整个多跨静定梁的内力图。

【例 3.1】　试作图 3.7(a)所示多跨静定梁的内力图。

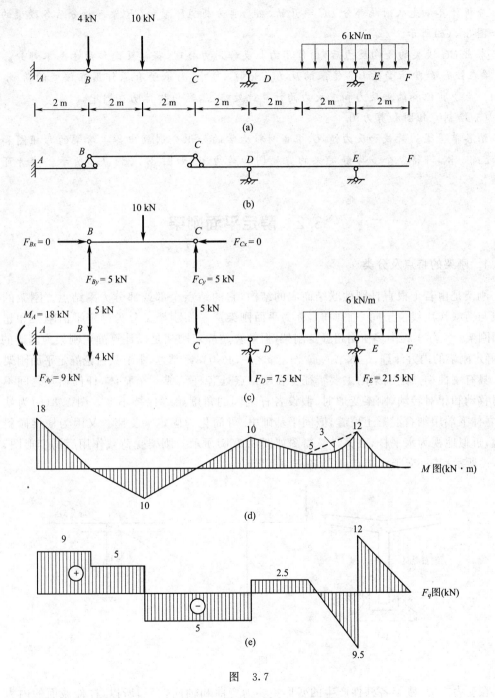

图　3.7

【解】　(1)绘层次图

AB 梁为基本部分;CF 梁虽只有两个竖向的可动铰支座与基础相连,但在竖向荷载作用下它能独立维持平衡,而不会将荷载的作用传递到其他梁段,故在竖向荷载作用下它也为一基本部分;BC 梁为附属部分。层次图如图 3.7(b)所示。

（2）计算各单跨梁的支座反力

首先要说明，因梁上只承受竖向荷载，由整体平衡条件可知水平反力 $F_{AX}=0$，从而可推知各铰结处的水平约束反力都为零，全梁均不产生轴力。

分析计算应先从附属部分 BC 梁开始，然后再分析 AB 梁和 CF 梁。拆分后各段梁的受力图如图 3.7(c) 所示。

求出 BC 段梁的竖向反力后，由作用力与反作用力公理，将其反向作用于基本部分。其中 AB 梁在铰 B 处除承受梁 BC 传来的反力 5 kN（↓）外，尚承受有原作用在该处的荷载 4 kN（↓）。至于其他各约束反力和支反力的计算此处略去，数值均标明在图中。

（3）绘制弯矩图和剪力图

依各单跨梁的荷载和反力情况，根据材料力学的知识分别画出各单跨梁的弯矩图和剪力图，连成一体，即得整个多跨静定梁的弯矩图和剪力图，如图 3.7(d)、(e) 所示。读者可自行校核。

3.2 静定平面刚架

3.2.1 刚架的特点及分类

刚架是由若干根直杆刚性联结而成的结构，它的结点全部或部分为刚结点。刚架的各杆轴线与荷载作用线位于同一平面时，称为**平面刚架**。平面刚架又分为静定平面刚架和超静定平面刚架。实际工程中多使用超静定刚架，但解算超静定刚架是以计算静定刚架为基础的。因此，静定刚架的内力计算，是本书的重要内容之一，必须熟练掌握，本节只讨论静定平面刚架。

具有刚性结点是刚架的主要特征。在刚结点处各杆结成一个整体，杆件相互之间不发生相对移动和相对转动，刚架变形时，假设各杆之间的角度始终保持不变。图 3.8(a) 为站台雨棚，立柱下端用细石混凝土填缝，嵌固于基础中，可简化为固定端支座。又因为横梁倾斜坡度不大，近似地视为水平杆，故其计算简图如图 3.8(b) 所示。刚架受荷载作用后的变形图，如图 3.8(c) 所示，其汇交于刚结点 A 的各杆端都转动 φ_A。

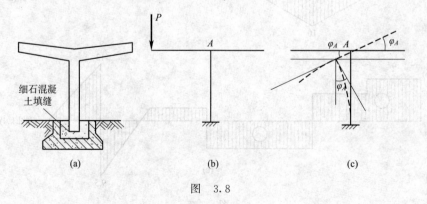

图 3.8

在受力方面，刚架各杆件产生的变形主要为弯曲和轴向拉压，所以，杆件截面的内力一般有弯矩、剪力和轴力，在线弹性范围内，弯曲变形是主要的。图 3.9(a)、(b) 分别为同高、同跨度的刚架和排架（工程上称为铰接排架）在相同荷载作用下的弯矩图。由于刚结点可以承受和传递弯矩，使得图 3.9(a) 所示的刚架横梁跨中弯矩的峰值较图 3.9(b) 的小，且分布趋于均匀，受力合理;此外,由于刚架多由直杆组成,制作方便,所以工程实际中,广泛采用刚架这种结构形式。

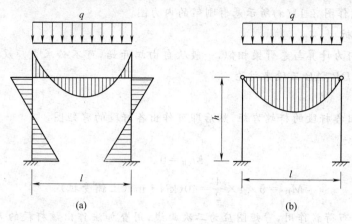

图 3.9

常用的静定平面刚架有:

(1)简支刚架:如图 3.10(a)所示,如平顶房屋、门式起重机等骨架。

(2)三铰刚架:如图 3.10(b)所示,刚架本身由两个构件构成,中间用铰相连,其底部用两个固定铰支座与基础相连,如小型厂房、仓库、食堂等骨架。

(3)悬臂刚架:如图 3.10(c)所示,如站台的雨棚和桥梁上的 T 形刚架。

(4)组合刚架:也称主从刚架,如图 3.10(d)所示,一般由前述刚架作为基本部分,附属部分据几何不变体系的组成规则连接上去。

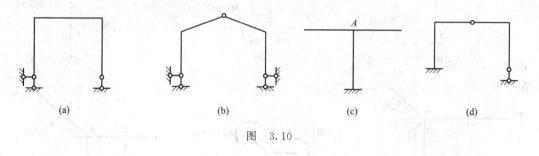

图 3.10

3.2.2 刚架的内力计算

刚架内力计算的步骤一般为,先取整体或某个部分,用静力平衡条件求出支座反力和各铰结处的约束反力;然后根据结构特征及荷载作用,将刚架结构分段分析,在各段内根据材料力学中学习过的微分关系法、叠加法等,利用画内力图的规律,判断各段内力图的线型;再计算出各杆杆端(或控制截面)的内力,绘出各杆段的内力图。

为明确表示杆端内力,规定在内力符号后面用两个脚标:第一个表示内力所属截面;第二个表示该截面所属杆件的另一端。例如 M_{BC} 表示 BC 杆 B 端截面的弯矩,M_{BD} 表示 BD 杆 B 端截面的弯矩。

在截取杆段为分离体画受力图时,杆端内力(对分离体而言应称外力)一般均假设为正。轴力符号规定为,使构件拉伸的轴力符号为正;剪力符号规定为,使分离体截面有顺时针转动的趋势为正;弯矩符号由于刚架杆件除水平杆外,还有竖杆和斜杆,故在计算弯矩时,一般不规定其正负,在绘制内力图时,弯矩图画在受拉侧,图上不注正、负符号。剪力图、轴力图可画在杆件的任一侧,但必须注明正、负符号。

【例 3.2】 试作图 3.11(a)所示悬臂刚架的内力图。

【解】 (1)分析

悬臂刚架的内力计算与悬臂梁相似,一般从自由端开始,可不必求支座反力,对于图示刚架,可拆分成 CB、DB、AB 三段来讨论。

(2)作弯矩图

用截面法算出各杆段的杆端弯矩,然后即可作出各杆段的弯矩图。

对于 CB 杆:

$$M_{CB}=0$$

$$M_{BC}=5\times4\times\frac{4}{2}=40(\text{kN}\cdot\text{m})(\text{上侧受拉})$$

CB 杆上有均布荷载作用,弯矩图应为二次曲线,用叠加法作出该杆段的弯矩图,如图(b)所示。

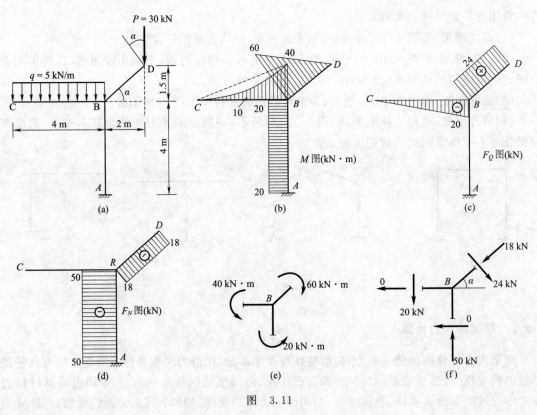

图　3.11

对于斜杆 DB 杆而言,仍然用截面法算出杆端弯矩,只是应注意外力到截面形心的力臂。

$$M_{DB}=0$$

$$M_{BD}=30\times2=60(\text{kN}\cdot\text{m})(\text{上侧受拉})$$

DB 杆上无荷载作用,弯矩图为斜直线。根据算出的 M_{DB}、M_{BD},即可作出 DB 杆的弯矩图,如图(b)所示。

对于 BA 杆,用水平截面切断立柱的上端,由 CBD 分离体的平衡可求得

$$M_{BA} = 30 \times 2 - 5 \times 4 \times 2 = 20(\text{kN} \cdot \text{m})(\text{左侧受拉})$$

若切断立柱下端,由 ACBD 分离体的平衡可求得

$$M_{AB} = 30 \times 2 - 5 \times 4 \times 2 = 20(\text{kN} \cdot \text{m})(\text{左侧受拉})$$

因为 BA 杆中间无荷载作用,且又容易判定出 BA 杆各截面剪力为零。故 BA 杆弯矩图为一条与 BA 杆轴线平行的直线,画在立柱 BA 杆受拉侧,即左侧,如图 3.11(b)所示。

将以上各杆段弯矩图拼到一起,即作出了悬臂刚架的弯矩图,如图 3.11(b)所示。

(3)作剪力图

对于 CB 杆:

$$F_{Q,CB} = 0, \qquad F_{Q,BC} = -5 \times 4 = -20(\text{kN})$$

CB 杆受均布荷载作用,剪力图为斜直线,如图(c)所示。

对于 DB 杆,由于它是斜杆,横截面与杆轴线垂直,剪力相切于横截面,建立沿杆轴线的 x 坐标轴,与杆轴线相垂直的为 y 坐标轴。用截面法可算得:

$$F_{Q,BD} = P\cos\alpha = 30 \times \frac{4}{5} = 24(\text{kN}), \qquad F_{Q,DB} = P\cos\alpha = 30 \times \frac{4}{5} = 24(\text{kN})$$

DB 杆上无荷载作用,剪力图为一条与杆轴线平行的直线,如图(c)所示。

对于 BA 杆,切断立柱 BA 杆上端,取 CBD 为分离体,用截面法算得 $F_{QBA} = 0$,同理,$F_{QAB} = 0$。将各杆的剪力图拼到一起,即得到悬臂刚架的剪力图,如图 3.11(c)所示。

(4)作轴力图

对于 CB 杆:

$$F_{N,CB} = 0, \quad F_{N,BC} = 0$$

对于 DB 杆:

$$F_{N,BD} = -P\sin\alpha = -30 \times \frac{3}{5} = -18(\text{kN}), \quad F_{N,DB} = -P\sin\alpha = -30 \times \frac{3}{5} = -18(\text{kN})$$

对于 BA 杆,切断立柱 BA 上端,由 DBC 分离体可算出:

$$F_{N,BA} = -4q - P = -4 \times 5 - 30 = -50(\text{kN})$$

切断立柱 BA 下端,由 DBCA 分离体,可算得

$$F_{N,AB} = -4q - P = -4 \times 5 - 30 = -50(\text{kN})$$

将各杆的轴力图拼到一起,即得到悬臂刚架的轴力图如图 3.11(d)所示。

(5)校核

M、F_Q、F_N 图作出后,可截取刚结点或刚架某个部分,校核其是否满足静力平衡条件。如取刚结点 B 为分离体,如图 3.11(e)、(f)所示,则

$$\sum M_B = -60 + 20 + 40 = 0$$

$$\sum F_y = 50 - 20 - 24\cos\alpha - 18\sin\alpha = 0$$

$$\sum F_x = 24\sin\alpha - 18\cos\alpha = 0$$

故刚架计算无误。

【例 3.3】 试绘出图 3.12(a)所示简支刚架的内力图。

【解】 (1)求支座反力

考虑刚架整体平衡:
$$\sum M_B = 0, \quad F_{Ay} = 22(\text{kN})$$

$$\sum F_x = 0, \quad F_{Ax} = 8(\text{kN})$$

$$\sum F_y = 0, \quad F_B = 18(\text{kN})$$

然后用其他平衡方程进行校核,例如用 $\sum M_A = -18 \times 4 - 8 \times 3 + 16 + 10 \times 4 \times 2 = 0$,
故反力计算正确。

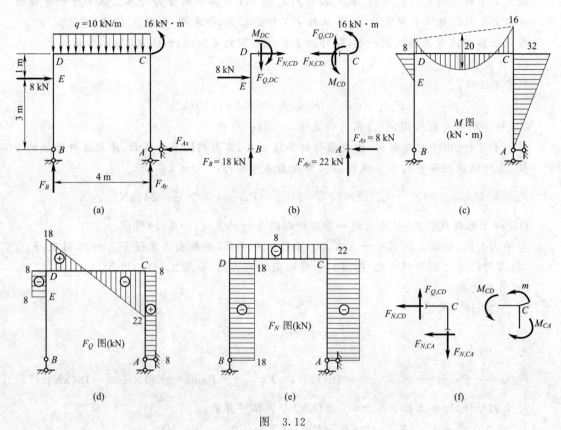

图　3.12

（2）绘内力图

①作弯矩图

对于 BE 杆: $\qquad\qquad\qquad M_{BE} = 0, \quad M_{EB} = 0$

对于 ED 杆: $\qquad M_{ED} = 0, \quad M_{DE} = 8 \times 1 = 8(\text{kN} \cdot \text{m})$（左侧受拉）

对于 AC 杆: $\qquad M_{AC} = 0, \quad M_{CA} = 8 \times 4 = 32(\text{kN} \cdot \text{m})$（右侧受拉）

对于 DC 杆,在 D 处用竖直截面将刚架一截为二,由 BED 分离体[图 3.12(b)]可算得:
$$M_{DC} = 8 \times 1 = 8(\text{kN} \cdot \text{m})（上侧受拉）$$

在 C 处用竖直面将刚架一截为二,由 CA 分离体[图 3.12(b)]可算得:
$$M_{CD} = 8 \times 4 - 16 = 16(\text{kN} \cdot \text{m})（上侧受拉）$$

DC 杆上有均布荷载作用,弯矩图应为二次曲线。可用叠加法作 DC 杆弯矩图,跨中标出叠加弯矩即可,大多数情况下不必计算跨中截面的具体内力值及其最值。

算出各杆段的杆端弯矩后,可作出各杆的弯矩图。将各杆的弯矩图拼到一起,即得简支刚架的弯矩图,如图 3.12(c)所示。

②作剪力图

对于 BE 杆: $\qquad\qquad\qquad F_{Q,BE} = 0, \quad F_{Q,EB} = 0$

对于 AC 杆：　　　　　　$F_{Q.AC}=8(\text{kN})$，　$F_{Q.CA}=8(\text{kN})$

对于 ED 杆：　　　　　　$F_{Q.ED}=-8(\text{kN})$，　$F_{Q.DE}=-8(\text{kN})$

对于 DC 杆，由 DEB 分离体[图 3.12(b)]得 $F_{QDC}=18(\text{kN})$；由 CA 分离体[图 3.12(b)]得 $F_{Q.CD}=-22(\text{kN})$。

根据各杆段的杆端剪力，绘出刚架的剪力图如图 3.12(d)所示。

③作轴力图

对于 BE 杆：　　　　　　　　$F_{N.BE}=F_{N.EB}=-18(\text{kN})$

对于 ED 杆：　　　　　　　　$F_{N.ED}=F_{N.DE}=-18(\text{kN})$

对于 AC 杆：　　　　　　　　$F_{N.AC}=F_{N.CA}=-22(\text{kN})$

对于 DC 杆：　　　　　　　　$F_{N.DC}=F_{N.CD}=-8(\text{kN})$

根据各杆段的杆端轴力，绘出轴力图如图 3.12(e)所示。

（3）校核

取刚结点 C 为分离体，如图 3.12(f)所示，有

$$\sum M_C=16+16-32=0$$

$$\sum F_x=-F_{N.CD}-F_{Q.CA}=-(-8)-8=0$$

$$\sum F_y=-F_{Q.CD}-F_{N.CA}=-22-(-22)=0$$

故刚架计算无误。

通过上面的例题，我们会感到，随着组成结构的杆件数目增多，取杆段（或结点）为分离体，画受力图，列平衡方程，求杆端内力就很繁琐。因此，实际在画刚架内力图时，除求斜杆的杆端轴力、剪力需画分离体外，在求竖杆、水平杆的杆端内力（包括斜杆的杆端弯矩）时均不画分离体，而是根据材料力学讲过的计算内力的规律，即由所求杆端截面一侧的外力，直接算出杆端内力。下面举例加以说明。

【例 3.4】　试绘制图 3.13(a)所示刚架的弯矩图。

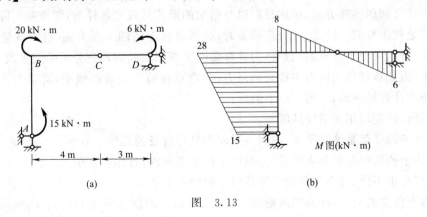

(a)　　　　　　　　　　　　　　　　　　(b)

图　3.13

【解】　此题受力比较特殊，可以不计算结构的支反力，根据结构、荷载及弯矩图绘制的特点就可以绘出弯矩图。

AB 和 BC、CD 段上均无荷载，故 M 图均为直线。

在 D 到 B 这段内，虽然有铰结点 C，但这段内无外力，所以整段弯矩图为一条直线，在 C 铰结点处不会转折，且 $M_{CD}=0$。

$M_{DC}=6\ \text{kN}\cdot\text{m}$，下侧受拉。

根据直线的比例关系：$M_{BC} = \dfrac{4}{3} \times 6 = 8(\text{kN} \cdot \text{m})$，上侧受拉。

由刚节点 B 处力矩平衡，$M_{BA} = 8 + 20 = 28(\text{kN} \cdot \text{m})$，左侧受拉。

$M_{AB} = 15 \text{ kN} \cdot \text{m}$，左侧受拉。

有了各控制截面弯矩，即可作出整个结构的 M 图，如图 3.13(b)所示。

读者可自行对内力图进行校核。

3.3　静定平面桁架

3.3.1　概述

桁架是由若干直杆，在两端用铰连接而组成的结构。它在工程中应用很广。武汉、南京长江大桥的主体结构就是用的桁架。施工中用的脚手架、输电线的铁塔架、起重机架等，都是桁架的实例。图 3.14 所示的钢筋混凝土屋架和钢木混合屋架也属于桁架。

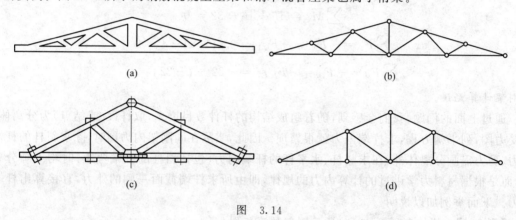

图　3.14

桁架杆件之间的连接方式、所用材料以及桁架的形式是各式各样的，要按照实际的桁架进行内力计算是较困难的。因此，在分析桁架时，必须抓住矛盾的主要方面，选取既能反映实际桁架的本质特性，又便于计算的图形作为计算简图。模拟实验和理论分析的结果表明，在结点荷载作用下，桁架各杆件的内力主要是轴向力，而弯矩和剪力一般都很小，可略去不计。这样在选取桁架的计算简图时，引用了以下假定：

(1)各杆在两端均用光滑铰链联结。

(2)各杆的轴线都是绝对平直、在同一平面内且通过铰的几何中心。

(3)作用于桁架的荷载和支座反力，都位于桁架平面内，且作用在结点上。

(4)各杆自重不计，或平均分配到杆件两端的结点上。

符合以上假定的桁架，称为**理想桁架**。图 3.14(b)、(d)就是图 3.14(a)、(c)所示桁架的计算简图。

理想桁架的各杆为二力杆，只有轴向力。横截面上的正应力均匀分布，可以充分发挥材料的作用，理想桁架以杆件为骨架拼接，相比同样尺寸但内部充实的结构(如梁)节省材料，自重较轻。这就是为什么在大跨度建筑物中，常采用桁架结构的原因。

在桁架中，杆件与杆件相互联结的点称为**结点**。桁架的杆件，由于所处位置不同，可分为**弦杆**和**腹杆**两类。上边缘的杆件叫**上弦杆**，下边缘的杆件叫**下弦杆**。腹杆又分为斜杆和竖杆。

弦杆两相邻结点间的距离称为**节间长** d，两支座间的距离 l 称为**跨度**。桁架最高点到两支座连线的距离 h 称为**桁高**，如图 3.15 所示。

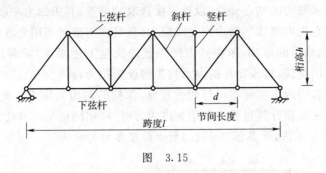

图　3.15

工程中常用的桁架，按其几何组成可分为：

（1）**简单桁架**。由基础或一个基本铰结三角形开始，依次增加二元体所组成的桁架，如图 3.16(a)、(b)、(c)所示。

（2）**联合桁架**。由几个简单桁架，按照几何不变体系的组成规则所联成的桁架，如图 3.16 (d)所示。

（3）**复杂桁架**。凡不属于前两类的桁架，都属于复杂桁架，如图 3.16(e)所示。

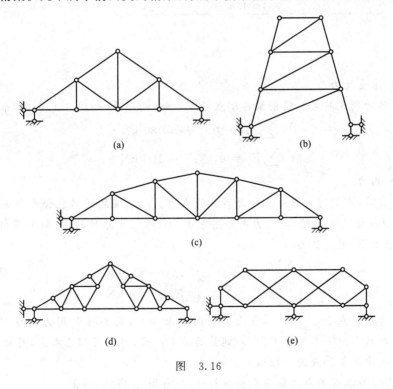

图　3.16

3.3.2 静定平面桁架的内力计算

计算桁架杆件内力的数解法有结点法和截面法。

1. 结点法

整个桁架在外力(荷载和支座反力)作用下维持平衡，其中任取一部分也应是平衡的。结点法就是取一个结点为分离体，由结点的平衡条件计算杆件内力的方法。因为作用于结点的各力（荷载、反力、杆件轴力）组成平面汇交力系，可以列出两个独立的平衡方程式，故在选结点时，必须从只有两个未知力的结点开始，以后每次选取的结点，其未知力一般不应超过两个。

任一简单桁架，在先由整体平衡求出支座反力（悬臂式桁架可不用先求反力）后，只要遵循每个结点解两个未知轴力的原则，依次选取结点就能满足上述要求，顺利地求出桁架各杆内力。为计算方便，少出错误，对未知杆的内力均先假设为拉力，将它们的指向画成背离结点，如果计算结果得负值，表明内力实际指向与假设相反，即杆的轴力为压力。此时，在受力图上不必更改其指向，只是在后面计算过程中若用到该内力时，应连同负号一并代入。

【例 3.5】　试用结点法，计算图 3.17(a)所示桁架各杆的内力。

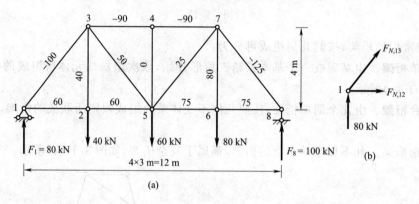

图　3.17

【解】　(1)求支反力

取桁架整体为研究对象。将桁架各结点标注 1～8 的序号，如图 3.17(a)所示。

由

$$\sum M_8 = 0, \quad F_1 = 80 \text{ kN}$$

$$\sum F_y = 0, \quad F_8 = 100 \text{ kN}$$

(2)求各杆内力

支反力求出后，我们可截取结点计算各杆的内力。最初遇到的只包含两个未知力的有 1、8 两个结点。现从结点 1 开始，其受力图如图 3.17(b)示。计算时，通常假定各杆内力均为拉力，如所得结果为负，则为压力。

$$\begin{cases} \sum F_x = 0 \\ \sum F_y = 0 \end{cases} \quad \begin{cases} F_{N,13} = -100 \text{ kN} \\ F_{N,12} = 60 \text{ kN} \end{cases}$$

然后依次考虑结点 2、3、4、5、6，每次只有两个未知力，故都可利用力的投影方程依次求得。至结点 7 时只有一个未知力 F_{N78}，而到最后结点 8 时，则各力都已求出，因此，可根据该两结点是否都满足平衡条件来进行校核。

最后，依次将所求得的内力标注在相应杆件上，如图 3.17(a)所示。

2. 截面法

当只需计算桁架中某些指定杆件的内力时，采用截面法比较方便。所谓截面法就是通过欲求内力的杆件，作一个假想截面，将桁架截为两部分，取一部分为研究对象。作用在该部分桁架上的荷载、反力和被截断杆件的内力，组成平衡的平面一般力系，可列出三个独立的平衡方程，求解三个未知量。因此，截面法一般只适用于截断的未知力杆件数目不多于三根的情况。现举例说明。

【例 3.6】 计算图 3.18(a)所示桁架中 1、2、3 杆的内力。

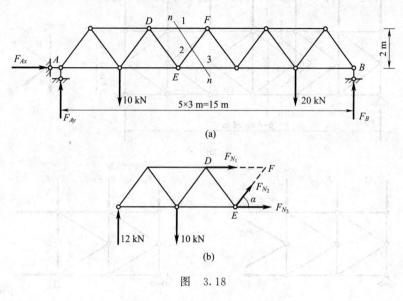

图 3.18

【解】 (1)求支座反力

取桁架整体为研究对象,有

$$\begin{cases} \sum M_B = 0 \\ \sum M_A = 0 \end{cases} \quad \begin{cases} 20 \times 3 + 10 \times 12 - F_{Ay} \times 15 = 0 \\ -10 \times 3 - 20 \times 12 + F_B \times 15 = 0 \end{cases}$$

$$\begin{cases} F_{Ay} = 12 \text{ kN} \\ F_B = 18 \text{ kN} \end{cases}$$

$$F_{Ax} = 0$$

(2)求杆件的内力

沿 n—n 截面假想将桁架解开,杆 1、2、3 被截断,取截面的左部分研究,其受力如图 3.18 (b)所示。

$$\begin{cases} \sum M_E = 0 \\ \sum M_F = 0 \\ \sum F_y = 0 \end{cases} \quad \begin{cases} -12 \times 6 + 10 \times 3 - F_{N1} \times 2 = 0 \\ -12 \times 7.5 + 10 \times 4.5 + F_{N3} \times 2 = 0 \\ 12 - 10 + F_{N2} \cdot \sin\alpha = 0 \end{cases}$$

$$\begin{cases} F_{N1} = -21 \text{ kN} \\ F_{N3} = 22.5 \text{ kN} \\ F_{N2} = -2.5 \text{ kN} \end{cases}$$

3. 结点法与截面法的联合运用

结点法和截面法是计算桁架杆件内力的两种常用方法,各有所长,两者没有本质的区别,只是二者所截取的研究对象不同。对于简单桁架,当要求所有杆件内力时,用结点法;若只求某些杆件内力时就用截面法。但是对于联合桁架,单用结点法将会遇到未知力超过两个的结点,内力无法简便地求出,此时,可以将两种方法联合起来使用。对于一个题目,不必固定用某种方法计算到底,哪种方法简便就用哪种方法,有时还需要将两种方法联合使用。

【例 3.7】　求图 3.19(a)所示桁架的 a、b 杆的内力。

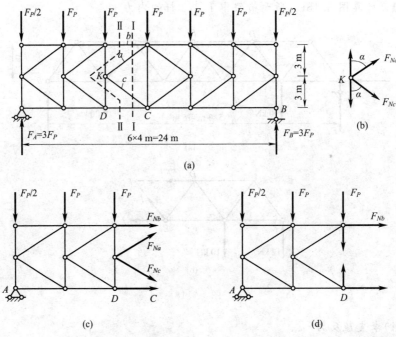

图　3.19

【解】　（1）求支座反

由对称性可知

$$F_A = F_B = 3F_P$$

（2）求指定杆件的内力

作截面Ⅰ—Ⅰ，取桁架左部分为分离体，画受力图如图 3.19(c)所示，分离体上有四个未知力，而平衡方程只有三个，故仅由此截面无法解算。但分析发现当取结点 K 为分离体时，如图 3.19(b)所示，根据前述结点平衡的特殊情况可知

$$F_{Na} = -F_{Nc}$$

再由截面Ⅰ—Ⅰ左部分为分离体的平衡 $\sum F_y = 0$，有

$$3F_P - \frac{F_P}{2} - F_P - F_P + F_{Na}\cos\alpha - F_{Nc}\cos\alpha = 0$$

得

$$F_{Na} = -\frac{5}{12}F_P$$

可由截面Ⅰ—Ⅰ利用 $\sum M_C = 0$ 求得 F_{Nb}。

还可以再做截面Ⅱ—Ⅱ取其左面部分如图 3.19(d)所示，列方程 $\sum M_D = 0$，则

$$F_{Nb} = -\frac{3F_P \times 8 - \dfrac{F_P}{2} \times 8 - F_P \times 4}{6} = -\frac{8}{3}F_P$$

显然，后一种方法更简便。

4. 零杆的判定

在桁架中常有一些特殊形状的结点，掌握了这些特殊结点的平衡规律，可给计算带来很大的方便。特别是桁架杆件的内力有为零的情况，这些内力为零的杆件称为**零杆**，它在桁架计算

中是会常遇到的。但要明确,零杆并非无用的杆,它只是在特定荷载作用下内力为零的杆。若换了一种荷载情况,它的内力可能就不为零。从几何组成看,静定平面桁架是没有多余约束的几何不变体系,如把零杆去掉就会变成几何可变体系,几何可变体系是不能作为工程结构的。现列举几种特殊结点如下:

(1)L 形结点(或称两杆结点),如图 3.20(a)所示,当结点上无荷载时,两杆内力皆为零,是零杆。

(2)T 形结点,这是三杆汇交的结点,而其中两杆在一直线上,如图 3.20(b)所示,当结点上无荷载时,第三杆(又称单杆)必为零杆,而共线两杆的内力相等且符号相同(即同为拉力或同为压力)。

(3)X 形结点,这是四杆结点且两两共线,如图 3.20(c)所示,当结点上无荷载时,则共线两杆内力相等且符号相同。

(4)K 形结点,这也是四杆结点,其中两杆共线,另外两杆在此直线同侧且交角相等,如图 3.20(d)所示,结点上无荷载时,则非共线两杆的内力大小相等而符号相反(一为拉力,则另一为压力)。

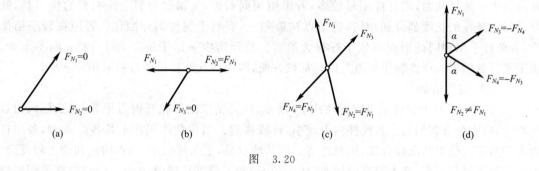

图　3.20

上述各条结论,均可根据适当的投影方程得出,读者可自行证明。

应用以上结论,不难判断出图 3.21 及图 3.22 中虚线所示各杆均为零杆,于是剩下的计算工作便大为简化。

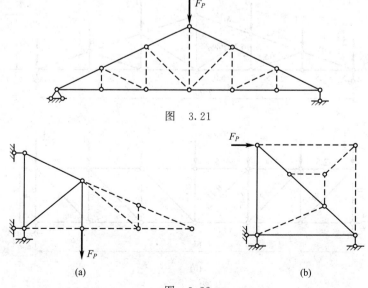

图　3.21

图　3.22

3.3.3　桁架的形式及受力特点

不同形式的桁架,其内力分布情况及适用场合亦各不同,设计时应根据具体要求选用。下面分析杆件内力的大小(包括正、负符号)与桁架外形的关系,了解各式桁架杆件的内力分布规律。现以跨度、高度、节间及荷载都相同的三种常用桁架(三角形桁架、平行弦桁架和抛物线形桁架)为例进行比较。

1. 三角形桁架

如图 3.23(a)所示三角形桁架的弦杆,靠近端支座处内力最大,向跨中逐渐减小。在腹杆中,竖杆受拉,斜杆受压,愈靠近跨中,内力愈大。杆件内力分布不均匀,若各杆均用同样截面尺寸,则造成浪费。两端结点处,夹角较小,构造复杂。但其两面斜坡的外形,符合普通瓦屋面对屋面坡度的要求,故适用在跨度较小、坡度大的屋盖结构中。

2. 平行弦桁架

如图 3.23(b)所示平行弦桁架的弦杆,靠近支座处内力最小,向跨中逐渐增大。在腹杆中,竖杆受压,斜杆受拉,靠近支座处最大,愈靠近中间,内力越小。内力分布不均匀。若按各杆内力大小选择截面,则杆件型号较多;若采用相同截面,又浪费材料。该桁架的优点是,弦杆、斜杆、竖杆的长度都分别相同,各结点构造划一,有利于制作的标准化。若用在轻型桁架中,各弦杆采用相同截面而不致于有很大浪费。故厂房中多用于跨度大于 12 m 的吊车梁。由于平行弦桁架的杆件制作和施工拼装都较方便,因而在铁路桥梁中常被采用。

3. 抛物线形桁架

如图 3.23(c)(上弦各结点在抛物线上)所示,这种桁架的下弦杆内力相等,上弦杆内力近乎相等,内力分布较均匀。各腹杆内力较小,且较接近。当荷载作用在上弦各结点时,各腹杆内力均为零。受力情况较合理,用料经济。但其缺点是,上弦转折多,结点构造和施工较复杂。不过为节省材料起见,在大跨度的屋架(18～30 m)和大跨度桥梁(100～150 m)中常采用抛物线形桁架。工程中为克服抛物线形桁架上弦转折太多、结点构造复杂、处理困难等缺点,在跨度为 18～24 m 的厂房中,常采用图 3.23(d)所示的折线形桁架。

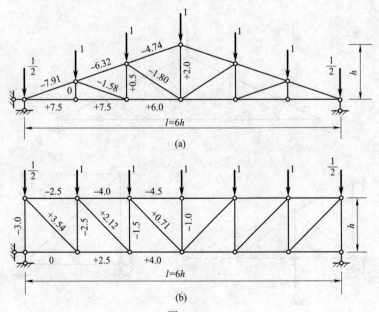

图　3.23

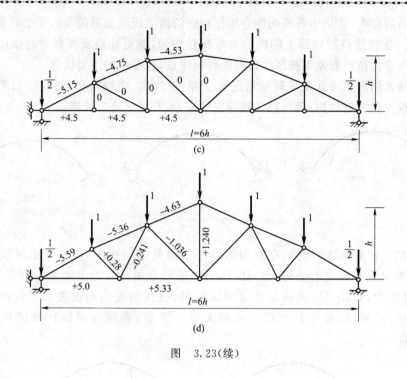

图　3.23(续)

3.4　三　铰　拱

3.4.1　拱的特性及分类

　　拱是杆轴线为曲线,且在竖向荷载作用下支座处会产生水平反力的结构。它广泛用于桥涵、水工建筑、房屋建筑。

　　拱结构与梁结构的区别不仅在于轴线的曲直,关键是看在竖向荷载作下,支座处有无水平反力。图 3.24(a)、(b)所示两个结构,虽然轴线都是曲线,同跨度、受相同荷载作用,但两者的内力却不相同。图(a)所示的结构,截面上的弯矩与简支梁图 3.24(c)相应截面的弯矩相同,支座处都无水平反力。故图(a)所示的结构不是拱,而是曲梁。图 3.24(b)所示的结构,在支座处有水平反力(又称推力),所以图 3.24(b)所示结构是拱。凡是在竖向荷载作用下产生水平反力的结构,都称为**拱式结构**又叫**推力结构**。

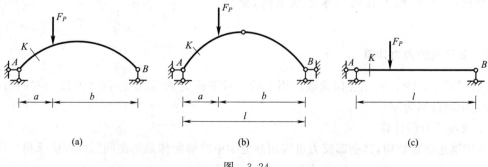

图　3.24

由于推力的存在，使拱中各截面的弯矩比相应的曲梁或简支梁的弯矩要小的多，且主要承受轴向压力。这就使得拱截面上的内力分布比较均匀，能更好地发挥材料的作用，且宜采用砖、石、混凝土等抗拉性能差而抗压性能好的材料建造，这是拱的主要优点。

拱结构的常用形式按其支承联结情况有三种：三铰拱、两铰拱和无铰拱，如图 3.25 所示示。其中三铰拱是静定结构，后两种是超静定结构，本节只讨论三铰拱。

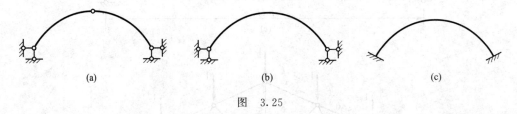

(a)　　　　　　　　(b)　　　　　　　　(c)

图　3.25

推力是拱结构的标志。它的存在固然减小了拱截面的弯矩，但它要由支座承受，使拱结构比梁结构对地基或支承结构（墙、柱、墩、台）的要求更高。为消除推力对支承结构的影响，在房屋建筑中，若用三铰拱作屋面承重结构时，就在两支座间设置水平拉杆，以承受推力，如图 3.26（a）所示，称为拉杆拱。为增大拱下净空，有时也将拉杆做成折线形，如图 3.26（b）所示。

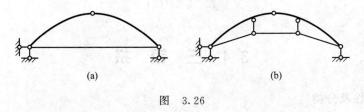

(a)　　　　　　　　(b)

图　3.26

拱结构的有关名称如图 3.27 所示，拱各截面形心的连线称为拱轴线，拱的两端与支座联结处称为拱趾或拱脚，两拱趾间的水平距离称为拱的跨度 l，两拱趾的连线叫起拱线，拱轴线上距起拱线最远的一点叫拱顶。三铰拱通常在拱顶设置中间铰，拱顶到起拱线之间的竖直距离称为拱高 f（或拱矢），拱高与跨度之比 f/l 称为高跨比。工程上高跨比一般为 1/2～1/8，高跨比是影响拱的主要性能的一个重要参数。若两拱趾在同一水平线上时，称为平拱；当两拱趾不在同一水平线上时，则称斜拱。

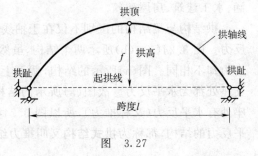

图　3.27

3.4.2　三铰拱的内力计算

现以如图 3.28（a）所示竖向荷载作用下的三铰平拱为例，说明三铰拱的反力和内力的计算，假定中间铰高为 y。

1. 支座反力的计算

三铰拱是静定结构，其全部反力可应用静力学中求解物体系平衡问题的方法求得。

（1）先考虑拱的整体平衡。由 $\sum M_B = 0$ 及 $\sum M_A = 0$，可算出：

$$F_{Ay} = \frac{F_{P1}b_1 + F_{P2}b_2}{l} = \frac{\sum F_{Pi}b_i}{l} \quad \text{(a)}$$

$$F_{By} = \frac{F_{P1}a_1 + F_{P2}a_2}{l} = \frac{\sum F_{Pi}a_i}{l} \quad \text{(b)}$$

由　　　　　　　　$\sum F_x = 0$

得　　　　　　　　$F_{Ax} = F_{Bx} = F_x \quad \text{(c)}$

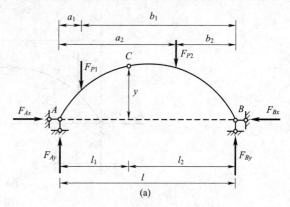

（2）再取左半拱为研究对象，由

$$\sum M_C = 0$$

有　　　$F_{Ay}l_1 - F_{P1}(l_1 - a_1) - F_x y = 0$

得　　　$F_x = \dfrac{F_{Ay}l_1 - F_{P1}(l_1 - a_1)}{y} \quad \text{(d)}$

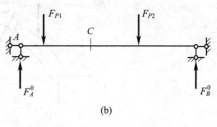

图　3.28

考虑式（a）和（b）的右边可知，它们的值恰与图 3.28(b) 所示简支梁的竖向反力 F_A^0 和 F_B^0 相等。此简支梁的跨度、荷载与拱相同，称为拱的**相应简支梁**。由拱推力的式子 (d) 右边可知，其分子恰与相应简支梁截面 C 的弯矩 M_C^0 相等。故有

$$\left.\begin{aligned} F_{Ay} &= F_A^0 \\ F_{By} &= F_B^0 \\ F_x &= \frac{M_C^0}{y} \end{aligned}\right\} \qquad (3.1)$$

由三式 (3.1) 可知，三铰平拱承受竖向荷载作用时，拱的竖向支座反力等于相应简支梁的竖向支座反力，拱的水平反力等于相应简支梁截面 C 的弯矩除以中间铰高。又由式 (3.1) 可知，拱的反力与拱轴线形状无关，只取决于荷载及 A、B、C 三铰的位置。拱推力 F_x 与中间铰高 y 成反比，中间铰高越大，推力越小；中间铰高越小，推力越大。若 $y=0$，推力无限大，A、B、C 三铰共线，成为几何瞬变体系，不能作为工程结构。

2. 任意截面内力计算

拱轴线是曲线，拱轴上的横截面为与拱轴线切线垂直的平面。对于图 3.29(a) 所示的拱，其任一横截面 K 的位置可由拱轴 K 点的坐标 (x_K, y_K) 和拱轴上 K 点切线的倾角 φ_K 来确定，如图 3.29(a) 所示。

拱截面上的内力一般有弯矩 M、剪力 F_Q 和轴力 F_N。由于拱结构的轴力通常为压力，所以规定正号表示压力；剪力仍以使分离体有顺时针转动趋向为正；弯矩以使内侧纤维受拉为正。用截面法求截面 K 的内力时，可取 AK 分离体，画受力图，其中各未知力均设为正方向，如图 3.29(b) 所示，由

$$\sum M_K = 0$$

得　　　$M_K = [F_{Ay}x_K - F_{P1}(x_K - a_1)] - F_x y_K$

由于 $F_{Ay} = F_A^0$，故上式方括号内的值，等于图 3.29(c) 所示相应简支梁截面 K 的弯矩 M_K^0，

即　　　　　　　$M_K = M_K^0 - F_x y_K$

说明，由于水平推力的存在，拱截面的弯矩比相应简支梁弯矩小。

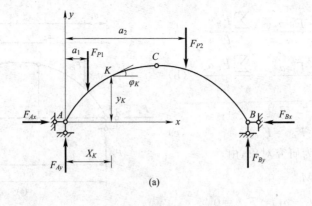

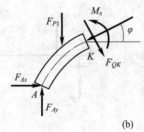

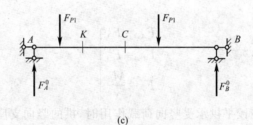

图　3.29

任一截面 K 的剪力 F_{QK} 等于该截面一侧所有外力在该截面方向上的投影代数和,由图 3.29(b)可得

$$F_{QK} = F_{Ay}\cos\varphi_K - F_{P1}\cos\varphi_K - F_x\sin\varphi_K$$

$$= (F_{Ay} - F_{P1})\cos\varphi_K - F_x\sin\varphi_K = F_{QK}^0\cos\varphi_K - F_x\sin\varphi_K$$

式中的 $F_{QK}^0 = F_{Ay} - F_{P1}$,即等于相应简支梁截面 K 的剪力,φ_K 的正负在图示坐标系中左半拱取正,右半拱取负。

任一截面 K 的轴力 F_{NK} 等于该截面一侧所有外力在该截面法线方向上的投影代数和,由图 3.29(b)可得

$$F_{NK} = (F_{Ay} - F_{P1})\sin\varphi_K + F_x\cos\varphi_K = F_{QK}^0\sin\varphi_K + F_x\cos\varphi_K$$

综上所述三铰拱在竖向荷载作用下的内力计算公式为

$$\left.\begin{array}{l} M_K = M_K^0 - F_x y_K \\ F_{QK} = F_{QK}^0\cos\varphi_K - F_x\sin\varphi_K \\ F_{NK} = F_{QK}^0\sin\varphi_K + F_x\cos\varphi_K \end{array}\right\} \tag{3.2}$$

由式(3.2)可知,三铰拱的内力值不但与荷载及三个铰的位置有关,而且与拱轴线的形状有关。由于拱轴线是曲线,φ 将随截面不同而变化。但是当拱轴线方程 $y = f(x)$ 为已知时,可

以利用导数 $\tan\varphi=\dfrac{\mathrm{d}y}{\mathrm{d}x}$ 的关系确定各截面的 φ 值。

3. 内力图的绘制

三铰拱内力图绘制的步骤一般是：先求支座反力，然后将拱跨分成八至十等分，以各等分点为控制截面，计算各控制截面的内力，描点绘制各内力图。计算过程可汇入表中计算。

下面以图 3.30 所示三铰拱为例，让大家了解一下三铰拱的内力图。

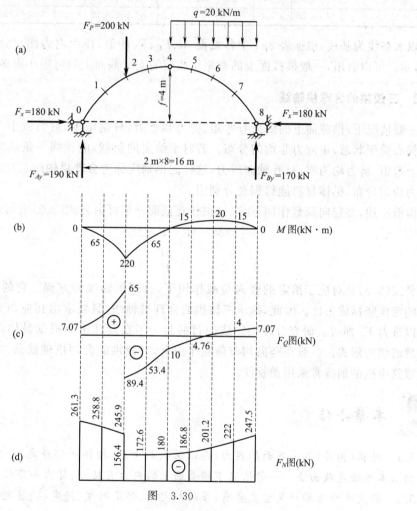

图　3.30

计算过程的数据可参见内力计算表 3.1，具体的计算过程省略。

表 3.1　三铰拱内力计算表

截面	几何参数					F_Q^0(kN)	M(kN・m)			F_Q(kN)			F_N(kN)		
	x(m)	y(m)	$\tan\varphi$	$\sin\varphi$	$\cos\varphi$		M^0	$-F_{Ar}y$	M	$F_Q^0\cos\varphi$	$-F_x\sin\varphi$	F_Q	$F_Q^0\sin\varphi$	$-F_x\cos\varphi$	F_N
0	0	0	1	0.707	0.707	190	0	0	0	134.33	-127.26	7.07	134.33	127.26	261.6
1	2	1.75	0.75	0.600	0.800	190	380	-315	65	152	-108	44	114.00	144.00	258.0
2左	4	3	0.50	0.447	0.894	190	760	-540	220	169.90	-80.5	89.40	85.00	160.90	245.9
2右	4	3	0.50	0.447	0.894	-10	760	-540	220	-8.94	-80.5	-89.40	-4.47	160.90	156.4
3	6	3.75	0.25	0.243	0.970	-10	740	-675	65	-9.70	-43.74	-53.35	-2.43	174.60	172.2

截面	几何参数					F_Q^0(kN)	M(kN·m)			F_Q(kN)			F_N(kN)		
	x(m)	y(m)	$\tan\varphi$	$\sin\varphi$	$\cos\varphi$		M^0	$-F_{x}y$	M	$F_Q^0\cos\varphi$	$-F_x\sin\varphi$	F_Q	$F_Q^0\sin\varphi$	$-F_x\cos\varphi$	F_N
4	8	4	0	0	1.00	−10	720	−720	0	−10.00	0	−10.00	0	180.00	180.0
5	10	3.75	−0.25	−0.243	0.970	−50	660	−675	−15	−48.50	43.74	−4.76	12.15	174.60	186.8
6	12	3	−0.50	−0.447	0.894	−90	520	−540	−20	−80.46	80.46		40.23	160.92	201.2
7	14	1.75	−0.75	−0.600	0.800	−130	300	−315	−15	−104.00	108.00	4.00	78.00	144.00	222.0
8	16	0	−1	−0.707	0.707	−170				−120.19	127.26	7.07	120.19	127.26	247.5

以水平线为基线,根据表3.1中各截面 M、F_Q、F_N 的值,作出内力图,如图 3.30(b)、(c)、(d)所示。可以看出,一般拱截面上的弯矩比相应简支梁截面上的弯矩小得多。

3.4.3　三铰拱的合理拱轴线

一般情况下,拱截面上的内力有弯矩、剪力和轴力,只是弯矩、剪力较小,轴力较大。截面处于偏心受压状态,正应力非均匀分布。若对于给定的荷载,能找到一条适当的拱轴线,使各截面上弯矩、剪力均为零,只有轴向压力,这样的拱轴线称为**合理拱轴线**。此时,任意截面上的正应力均匀分布,拱体材料能得到充分利用。

由前所述,在竖向荷载作用下,三铰拱任意截面弯矩可由公式(3.2)求得:

$$M=M^0-F_x y=0$$

得

$$y=\frac{M^0}{F_x} \tag{3.3}$$

公式(3.3)是对应于给定的竖向荷载作用下,合理拱轴线的方程。它的竖标 y 与相应简支梁的弯矩竖标成正比。因此,欲求三铰拱的合理拱轴线,只要求出相应简支梁的弯矩方程,再除以推力 F_x 即可。研究合理拱轴线的目的是为了在设计中能根据具体荷载情况,选择较为合理的结构形式。一般在竖向均布荷载作用下,三铰拱的合理拱轴线是二次抛物线。因此房屋建筑中拱的轴线常采用抛物线。

 本章小结

3.1　结构(构件)某一截面的内力,是以该截面为界,构件两部分之间的相互作用力。求内力的基本方法是截面法。一般情况下横截面上的内力有轴力、剪力和弯矩。

3.2　静定平面结构的类型主要有:多跨静定梁、静定刚架、静定拱、静定桁架和组合结构。

3.3　计算多跨静定梁时,可以将其分成若干单跨梁分别计算。首先应计算附属部分,再计算基础部分,最后将各单跨梁的内力图连在一起,即得到多跨静定梁的内力图。

3.4　作刚架内力图的基本方法是:将刚架拆成单个杆件,求各杆件的杆端内力,分别作出各杆件的内力图,然后将各杆的内力图合并在一起,即得到刚架的内力图。在求解各杆的杆端内力时,应注意节点的平衡。

3.5　求解静定平面桁架的基本方法是节点法和截面法。前者是以节点为研究对象,用平面汇交力系的平衡方程求解内力,一般首先选取的节点未知内力的杆不超过2根。而截面法是用假想的截面把桁架断开,取一部分为研究对象,用平面一般力系的平衡方程求解内力,应注意假想的截面一定要把桁架断为两部分(即每一部分必须有一根完整的杆件),一个截面一般不应超过截断3根未知内力的杆件。

3.6 三铰拱的内力计算应与相应简支梁的剪力和弯矩联系起来表示。这样三铰拱的内力可归结为求拱的水平推力和相应简支梁的剪力和弯矩,然后代入相应公式计算即可。

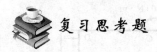

复习思考题

3.1 什么是多跨静定梁?多跨静定梁的构造特点和受力特点是什么?如何计算其内力?

3.2 什么是静定平面刚架?静定平面刚架分为哪几类?它的内力有几种?如何计算静定平面刚架的内力?

3.3 什么是静定平面桁架?分为哪几类?其内力计算方法有哪几种?

3.4 什么是零杆?如何判定?

3.5 什么是拱?静定平面拱一般有几种?如何计算三铰拱的内力?什么是三铰拱的合理拱轴线?如何确定?

3.6 用截面法计算桁架内力时,什么情况下未知轴力个数超过三个也能解出所求轴力?

3.7 简述静定结构有哪些特性。

3.8 试说明拱和曲梁的区别。

3.9 正确区分下列题 3.9 图多跨静定梁的基本部分与附属部分,画出层次图,并绘制 M 图的形状。

(a)　　　　　　　　　　　　(b)

(c)

题 3.9 图

3.10 绘制多跨静定梁的内力图。

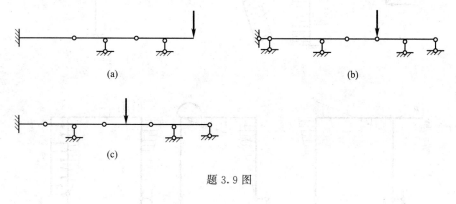

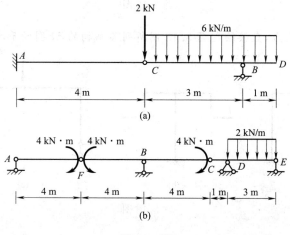

题 3.10 图

3.11 绘制题 3.11 图示刚架的内力图。

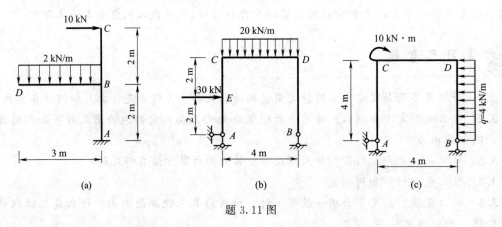

题 3.11 图

3.12 判断题 3.12 图所列 M 图是否正确,有错误请改正。

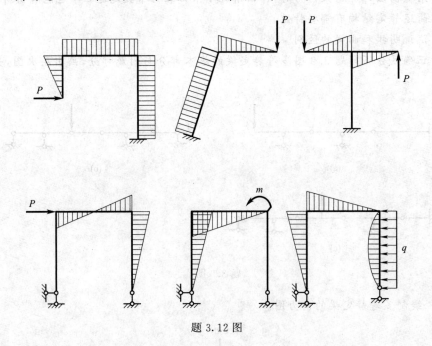

题 3.12 图

3.13 不计算支反力,直接绘制题 3.13 图所列各结构的 M 图的形状。

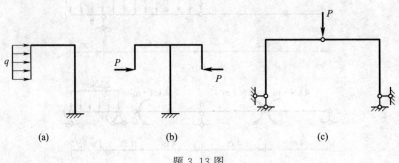

题 3.13 图

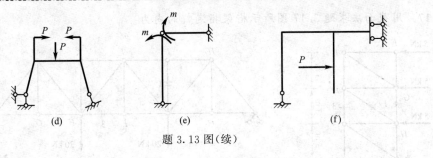

(d)　　　　　　(e)　　　　　　(f)

题 3.13 图(续)

3.14 计算题 3.14 图示三铰刚架的支反力,并绘制内力图。

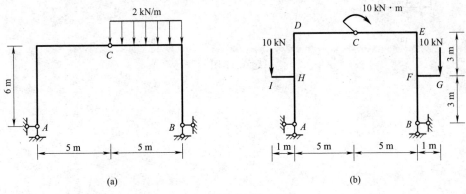

(a)　　　　　　　　　　　　(b)

题 3.14 图

3.15 判断题 3.15 图桁架中的零杆,在相应杆件上标注"0"符号。

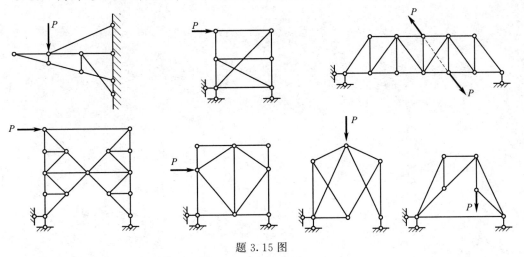

题 3.15 图

3.16 用结点法求题 3.16 图桁架各杆的内力。

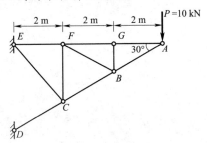

题 3.16 图

3.17 用截面法求题 3.17 图所示桁架指定杆的内力。

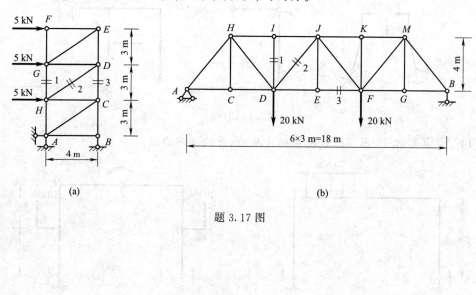

(a)　　　　　　　　　　　　　　(b)

题 3.17 图

4   静定结构位移计算

本章描述

　　本章讲述推导结构位移计算公式的虚功原理,并推导出结构位移计算的一般公式,进而推导出梁和刚架等以弯曲为主的结构位移计算方法——图乘法的计算公式,以图乘法计算结构的位移。

拟实现的教学目标

　　1. 知识目标
　　了解虚功原理,学会虚拟状态的设置,掌握结构位移计算公式,以及静定结构由于支座移动、温度变化所引起的位移,了解弹性体系的互等定理。
　　2. 能力目标
　　能熟练运用图乘法计算结构的位移。
　　3. 素质目标
　　通过结构位移计算公式的推导,图乘法计算公式的推导及计算,使学生学会一些抽象思维的方法,锻炼其分析问题的能力;同时也为后续解超静定结构打下基础。

相关案例——结构位移

　　在图 4.1 所示悬索桥的施工中,每安装一块桥面板,主索的受力都会发生变化,进而造成主索变形,必须对其受力变形引起的位移进行准确的计算,才能使施工顺利完成。
　　本章将研究结构的位移计算。结构位移计算不仅对工程施工有重要意义,它还是结构力学后续知识的基础。

图 4.1

4.1 结构位移概述

4.1.1 结构位移的概念

在荷载作用下,组成结构的各杆件会产生应力和应变,致使结构发生尺寸和形状的变化,其上各点的位置也随之发生改变,即产生了位移。如图 4.2(a)所示的刚架,在荷载作用下发生了如虚线所示的变形,杆端截面形心由 A 移到了 A' 点,$\overline{AA'}$ 称为 A 点的**绝对线位移**,简称**线位移**,用 Δ_A 表示。在实际的分析计算中 Δ_A 还常用竖向线位移 Δ_A^V 和水平线位移 Δ_A^H 两个分量来表示,如图 4.2(a)所示。端截面 A 同时还转动一个角度,此角 φ_A 称为截面 A 的**绝对角位移**,简称**角位移**。

又如图 4.2(b)所示的简支刚架,在荷载的作用下,发生了如虚线所示的变形。A 和 B 两点分别沿水平方向产生了绝对线位移 Δ_A 和 Δ_B;而 A 点对于 B 点产生了相对的位移,$\Delta_{AB} = \Delta_A + \Delta_B$,则 Δ_{AB} 称为沿 A 和 B 两点方向上的**相对线位移**。同时,支座处杆端截面 C 和 D 产生了绝对角位移 φ_C 和 φ_D;而 C 点对于 D 点产生了相对的角位移,$\varphi_{CD} = \varphi_C + \varphi_D$,$\varphi_{CD}$ 称为 C 和 D 两截面间的**相对角位移**。

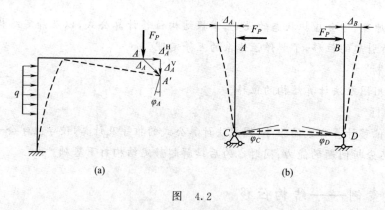

图 4.2

除作用在结构上的荷载外,由于其他外因,如温度改变、支座移动和材料收缩等影响,均可使结构产生位移。例如图 4.3(a)所示的简支梁,由于温度的变化,梁内虽不产生内力,但却有变形,从而使梁上任一点 C 发生如图所示的位移。而图 4.3(b)所示的简支梁,在支座下沉的影响下,虽梁本身不发生变形,但其原有的几何位置却发生了变化,因而梁上任一点 C 也产生了位移。

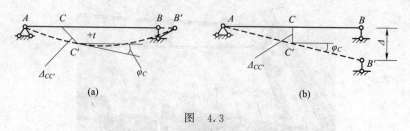

图 4.3

4.1.2 计算结构位移的目的

结构的位移计算十分重要,对结构设计和施工都有重要的实用价值。

(1)验算结构的刚度。结构在荷载作用和其他因素影响下,如果变形过大,即使结构不被破坏也不能正常使用。例如列车通过桥梁时,若桥梁的挠度(即竖向线位移)过大,则线路将不平顺,就会引起较大的冲击和振动而影响行车。为此,相关工程技术规范规定,桥梁在竖向静活载作用下的最大挠度,钢板梁不得超过跨度的 1/700,钢桁梁不得超过跨度的 1/900。在工程结构设计中,为使最大挠度不超过规范规定的许用值而进行的验算,就称为验算结构的刚度,因此,就必须计算结构的位移。

(2)为结构施工提供必要的位移数据。在结构的制作、运输、安装和养护的过程中,常需要预先知道结构变形后的位置,以便实施有效的施工措施。例如钢梁在进行悬臂拼装过程中,必须事先计算出竖向位移的数值,以便采取相应的措施,确保施工安全和拼装就位。

(3)为分析超静定结构打下基础。由前面可知,超静定结构的内力,只凭静力平衡条件不可能全部确定,还必须考虑结构的变形条件,建立补充方程,从而需要计算结构的位移。

应当指出:这里研究的结构,只限于线弹性变形体,即材料服从虎克定律,结构为小变形。这样位移与荷载成正比例关系,故位移计算可应用叠加原理。

4.2　外力在变形体上的实功、虚功与虚功原理

4.2.1　功的概念

在物理课中已经学过功的概念。例如,如图 4.4(a)所示物体上 M 点受到力 F_P 的作用,若 M 点发生线位移 Δ,则力 F_P 在线位移 Δ 上所做的功为:

$$W = F_P \cos\theta \cdot \Delta$$

式中,θ 是力的方向与位移方向之间的夹角。

当力 F_P 与位移 Δ 方向一致(即 $\theta = 0$)时,则:

$$W = F_P \Delta$$

又如,物体受力偶 $M = F_P d$ 作用而发生角位移 φ,如图 4.4(b)所示,则力偶 M 所做的功可以用构成力偶的两个力所做功的和来计算:

$$W = 2F_P \frac{d}{2}\varphi = F_P d\varphi = M\varphi$$

即力偶所做的功等于力偶矩与角位移的乘积。

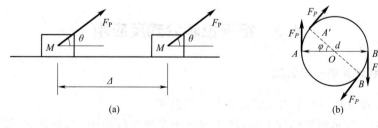

图　4.4

由上述可见,做功的力可以是一个力,也可以是一个力偶,有时甚至可能是一对力或一个力系。我们将力或力偶做功用一个统一的公式来表达:

$$W = F_P \Delta$$

式中,F_P 称为广义力,既可代表力,也可代表力偶;Δ 称为广义位移,它与广义力相对应,集中

力做功时对应的为线位移;力偶做功时对应的为角位移。

　　由物理知识还可知,当力 F_P 与相应位移 Δ 方向一致时,做功为正;方向相反时做功为负。

4.2.2　实功与虚功及虚功原理

　　功包含了两个要素:力和位移。当位移是由力本身引起时,即力与相应位移彼此相关时,力在位移上所做的功称为**实功**;当力与相应位移彼此无关时,力在位移上所做的功称为**虚功**。

　　如图 4.5 所示简支梁,仅有第一组荷载 F_{P1} 作用时,在 F_{P1} 作用点沿 F_{P1} 方向产生的位移记为 Δ_{11},位移 Δ_{11} 的第一个下标表示位移的地点和方向(即 F_{P1} 作用点,沿 F_{P1} 方向),第二个下标表示引起位移的原因(即 F_{P1} 引起的)。此时 F_{P1} 在结构上做了实功,

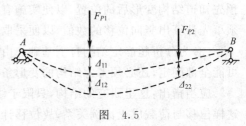

图　4.5

$W_{11} = \dfrac{1}{2} F_{P1} \Delta_{11}$(此处不做详细分析)。

　　当第一组荷载 F_{P1} 作用于结构,并达到稳定平衡以后,再加上第二组荷载 F_{P2},这时结构将继续变形,引起 F_{P1} 作用点沿 F_{P1} 方向产生新的位移 Δ_{12},位移 Δ_{12} 的第一个下标表示位移的地点和方向(即 F_{P1} 作用点,沿 F_{P1} 方向),第二个下标表示引起位移的原因(即 F_{P2} 引起的)。此时 F_{P1} 在由 F_{P2} 引起的位移 Δ_{12} 上又做了功,此时的功为虚功:

$$W_{12} = F_{P1} \Delta_{12}$$

　　此时的 F_{P2} 与 F_{P1} 是互不相关的,这种外力 F_{P1} 在其他因素 F_{P2}(可以是荷载作用,也可以是温度变化、支座位移等)引起的位移上所做的功,称为**外力虚功**。

　　"虚"字是强调位移与力无关,并非虚无的意思。当位移与力的方向一致时,虚功为正,相反时,虚功为负。

　　在 F_{P2} 加载过程中,简支梁 AB 由于第一组荷载 F_{P1} 作用产生的内力也将在第二组荷载 F_{P2} 所引起的相应变形上做功,称为**内力虚功**,用 W'_{12} 表示(此处不做详细分析计算)。

　　变形体虚功原理:结构的第一组外力在第二组外力所引起的位移上所做的外力虚功,等于第一组内力在第二组内力所引起的变形上所做的内力虚功。即

$$W_{12} = W'_{12} \tag{4.1}$$

　　在上述情况中,两组力 F_{P1} 和 F_{P2} 是彼此独立无关的。

4.3　结构位移公式及应用

4.3.1　结构位移计算的一般公式

　　利用虚功原理可推导出结构位移计算的一般公式。

　　以如图 4.6(a)所示刚架结构为例,该刚架由于某种实际原因(荷载作用、温度变化、支座位移等)而发生如图中虚线所示变形。现在要计算结构中任意一点沿任一方向的位移,如 K 点沿 K—K 方向的位移 Δ_K。

　　如图 4.6(a)所示状态为实际发生的**位移状态**,称为**实际状态**。为了利用虚功原理的方程求得 Δ_K,可虚设如图 4.6(b)所示**力状态**,即在 K 点沿 K—K 方向加上一个单位集中力 $F_{PK} = 1$。这时,C 点的支座反力和 A 点的支座反力 $\overline{F}_{R1}$、$\overline{F}_{R2}$、$\overline{F}_{R3}$ 与单位力 $F_{PK} = 1$ 构成一组平衡力

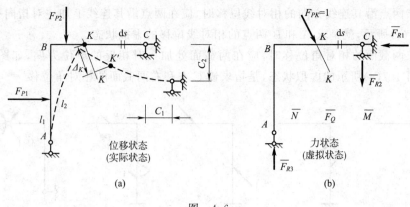

图　4.6

系。由于力状态是虚设的，故称为**虚拟状态**。虚拟力系的全部外力（包括支座反力）在实际状态的位移上所做的外力虚功为：

$$W_{外} = F_{PK}\Delta_K + \overline{F}_{R1}C_1 + \overline{F}_{R2}C_2 + \overline{F}_{R3}C_3 = \Delta_K + \overline{F}_{R1}C_1 + \overline{F}_{R2}C_2$$

简写为：

$$W_{外} = \Delta_K + \sum \overline{F}_{Ri}C_i \qquad (4.2)$$

式中，$\overline{F}_{Ri}$ 表示虚拟状态中的支座反力；C_i 表示实际状态中的支座位移；$\sum \overline{F}_{Ri}C_i$ 表示支座反力所做虚功之和。

以 $\mathrm{d}u$、$\mathrm{d}\varphi$、$\gamma\mathrm{d}s$ 分别表示实际位移状态中微段 $\mathrm{d}s$ 的轴向变形、弯曲变形和剪切变形，以 $\overline{F}_N$、$\overline{M}$、$\overline{F}_Q$ 表示虚拟状态中同一微段 $\mathrm{d}s$ 的内力，则变形引起的内力虚功为：

$$W_{内} = \sum \int_0^l \overline{F}_N \mathrm{d}u + \sum \int_0^l \overline{M}\mathrm{d}\varphi + \sum \int_0^l \overline{F}_Q\gamma\mathrm{d}s \qquad (4.3)$$

由虚功原理可知 $W_{外} = W_{内}$，得：

$$\Delta_K + \sum \overline{F}_{Ri}C_i = \sum \int_0^l \overline{F}_N \mathrm{d}u + \sum \int_0^l \overline{M}\mathrm{d}\varphi + \sum \int_0^l \overline{F}_Q\gamma\mathrm{d}s$$

即：

$$\Delta_K = \sum \int_0^l \overline{F}_N \mathrm{d}u + \sum \int_0^l \overline{M}\mathrm{d}\varphi + \sum \int_0^l \overline{F}_Q\gamma\mathrm{d}s - \sum \overline{F}_{Ri}C_i \qquad (4.4)$$

这就是结构位移计算的一般公式。

这种沿所求位移方向虚设单位荷载（$F_{PK}=1$），利用虚功原理求结构位移的方法，称为**单位荷载法**。应用这个方法，每次可以计算一种位移。虚拟单位力的指向可以任意假设，如计算结果为正值，即表示实际位移方向与假设的单位力指向相同，否则相反。

4.3.2　虚拟状态的设置

单位荷载法不仅可以用于计算结构的线位移，而且可以计算结构的任意广义位移，只要所虚设的单位力与所计算的广义位移相对应即可。

虚拟状态的设置要根据计算所求位移来选择。选择虚拟状态正确与否，关系到位移计算的正误。下面分几种情况加以说明：

（1）当求某点沿某方向的绝对线位移时，应在该点沿所求位移方向加一单位力，例如图 4.7(a)所示，即为求 A 点的水平线位移的虚似状态。

（2）当求某截面绝对角位移时，可在该截面处加一个单位力偶，如图 4.7(b)所示。

（3）当求两点沿其连线方向的相对线位移时，应在两点沿其连线上加一对指向相反的单位力，如图 4.7(c) 所示，就是求 A 和 B 两点的相对线位移的虚拟状态。

（4）当求两截面的相对角位移时，应在两截面处加一对相反的单位力偶，如图 4.7(d) 和 (e) 所示。图 4.7(e) 所示的虚拟状态，是指求铰 C 左和右两截面的相对角位移。

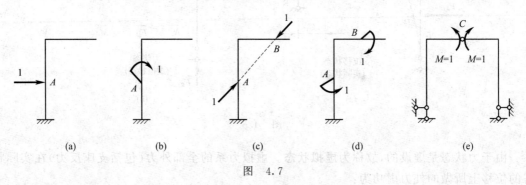

图　4.7

总之，虚拟状态所加的单位荷载，即是所求广义位移相应的单位广义力，单位力的指向或转向可任意假定，根据计算结果的正负可判断实际位移的方向和转向。

4.3.3　平面杆系结构仅受荷载作用时的位移计算一般公式

当结构只承受荷载作用而无支座位移（$C_i = 0$）时，则式（4.4）简化为

$$\Delta_K = \sum \int_0^l \overline{F_N} \mathrm{d}u + \sum \int_0^l \overline{M} \mathrm{d}\varphi + \sum \int_0^l \overline{F_Q} \gamma \mathrm{d}s \tag{4.5}$$

对于弹性结构，由材料力学可得实际状态中杆件微段 $\mathrm{d}s$ 的变形为

$$\mathrm{d}u = \frac{F_{NP}}{EA}\mathrm{d}s, \quad \mathrm{d}\varphi = \frac{M_P}{EI}\mathrm{d}s, \quad \gamma \mathrm{d}s = k\frac{F_{QP}}{GA}\mathrm{d}s \tag{4.6}$$

式中，EA、EI、GA 分别为杆件截面的抗拉、抗弯、抗剪刚度，k 为剪应力不均匀分布系数（它与截面形状有关，对于矩形截面 $k = 6/5$，圆形截面 $k = 10-9$，薄壁圆环截面 $k = 2$）。

如用 Δ_{KP} 表示荷载引起的 K 截面的位移，将式（4.6）代入式（4.5）得

$$\Delta_{KP} = \sum \int_0^l \frac{\overline{F_N}F_{NP}}{EA}\mathrm{d}s + \sum \int_0^l \frac{\overline{M}M_P}{EI}\mathrm{d}s + \sum \int_0^l k\frac{\overline{F_Q}F_{QP}}{GA}\gamma \mathrm{d}s \tag{4.7}$$

这就是平面杆系结构在荷载作用下结构位移计算的一般公式。其中，等号右侧的第一、二、三项分别表示实际状态中由杆件轴向变形、弯曲变形、剪切变形引起的 K 点沿 $K—K$ 方向的位移。

4.3.4　几类常用结构仅受荷载作用时位移计算的简化公式

对于梁和刚架，位移主要是由杆件弯曲引起的，轴力和剪力的影响很小，故可只考虑弯矩的影响，其位移计算公式由式（4.7）简化为

$$\Delta_{KP} = \sum \int_0^l \frac{\overline{M}M_P}{EI}\mathrm{d}s \tag{4.8}$$

对于桁架，因各杆只有轴向变形，且每一杆件的轴力 $\overline{F_N}$、F_{NP} 及 EA 沿杆长 l 均为常数，故其位移计算公式可由式（4.7）简化为

$$\Delta_{KP} = \sum \int_0^l \frac{\overline{F_N}F_{NP}}{EA}\mathrm{d}s = \sum \frac{\overline{F_N}F_{NP}}{EA}l \tag{4.9}$$

组合结构由受弯杆和拉压杆组成。对受弯杆件可只考虑弯矩的影响,对链杆则只有轴力影响,故其位移计算公式可由式(4.7)简化为

$$\Delta_{KP} = \sum \frac{\overline{F}_N F_{NP}}{EA} l + \sum \int_0^l \frac{\overline{M} M_P}{EI} \mathrm{d}s \tag{4.10}$$

对曲梁和一般拱结构,因杆件的曲率对结构变形的影响很小,可以略去不计。通常也只需要考虑弯曲变形的影响,即其位移仍可近似地用式(4.8)计算。

利用式(4.8)、式(4.9)和式(4.10)计算结构的基本步骤是:

(1)在欲求位移处沿所求位移方向设置虚拟状态,然后分别列各杆段内力方程。

(2)列实际荷载作用下各杆段内力方程。

(3)将各内力方程分别代入式(4.8)、式(4.9)和式(4.10)分段积分后再求总和,即可计算出所求位移。

由于计算过程中含有较复杂的积分计算,而后续还要介绍更简便的计算方法,在此就不做详细举例分析了,只以桁架为例说明计算过程。

【例4.1】 试求图4.8(a)所示屋架节点 D 的竖向位移。图中右半部分各括号内数值为杆件的截面面积,其单位为 mm^2,$E = 210$ GPa。

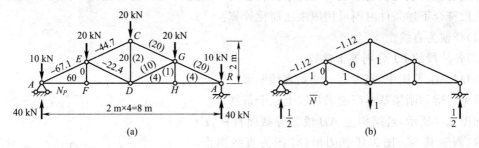

图 4.8

【解】 (1)在 D 节点加竖向单位力如图4.8(b)所示。由于对称,只需计算半个屋架的杆件,用结点法或截面法算出杆件内力后(见表4.1第五栏 $\overline{F}_N$),将各杆内力值填入图4.8(b)的左半部分。

(2)实际荷载作用下,同样只计算半个屋架的杆件,算出各杆内力后(见表4.1第6栏 F_{NP})将各杆内力值填入图4.8(a)的左半部分。

表 4.1 屋架位移计算

杆 件		l(mm)	A(mm²)	$\frac{l}{A}$(mm⁻¹)	$\overline{F}_N$	F_{NP}(kN)	$\frac{\overline{F}_N F_{NP}}{A}l$(kN/mm)
上弦	AE	2240	2000	1.12	−1.12	−67.1	84.2
	EC	2240	2000	1.12	−1.12	−44.7	56.1
下弦	AF FD	4000	400	10.0	1	60	600
斜杆	ED	2240	1000	2.24	0	−22.4	0
竖杆	EF	1000	100	10.0	0	0	0
	CD	2000	200	10.0	1	20	200
						Σ	940.3

(3)利用式(4.9)计算 D 点的竖向位移,可把计算列成表格进行,见表4.1。最后计算时将表中的总和值乘2,但由于 CD 杆只有一根,故应减去多计算了的该杆数值,于是 Δ_D^V 的计算式如下:

$$\Delta_D^V = \sum \frac{\overline{F}_N F_{NP}}{EA} l = \frac{2 \times 940.3 - 200}{2.1 \times 10^2} = 8.0 \text{ (mm)}$$

计算结果为正,说明实际方向与虚拟单位力的方向一致。

4.4　静定梁与静定刚架位移计算的图乘法

4.4.1　图乘法

用公式(4.8)

$$\Delta_{KP} = \sum \int_0^l \frac{\overline{M} M_P}{EI} ds$$

求解梁与刚架的位移时,首先要列出 M_P 和 $\overline{M}$ 的表达式,然后利用公式分段积分再求和。这个运算过程在荷载比较复杂或者杆件数目较多时,是很麻烦的,且易出错。但是,当组成结构的各杆段符合下述条件时则可用图乘法简化计算:

(1)杆轴为直线。

(2)各杆段的 EI 分别等于常数。

(3)$\overline{M}$、M_P 两图中,至少有一个是直线图形。

常见的梁和刚架基本都能满足以上三个条件。

如图 4.9 所示,若结构上 AB 段为等截面直杆,EI 为常数,假定其 M_P 图为任意图形、$\overline{M}$ 图为直线图形,则该杆段符合上述三个条件。

取 $\overline{M}$ 图的基线为 x 轴,以 $\overline{M}$ 图的延长线与 x 轴的交点 O 坐标原点建立 xOy 坐标系,如图 4.9 所示。$\overline{M}$ 图的延长线与 x 轴所夹角度为 α。

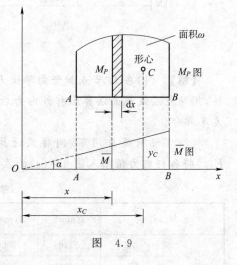

图　4.9

则以式(4.8)计算时,ds 可用 dx 代替,EI 为常数可提出积分号外,并且因 $\overline{M}$ 为一直线图,其上的任一纵坐标 $\overline{M} = x \cdot \tan\alpha$,且 $\tan\alpha$ 为常数。积分式可演变为:

$$\int_A^B \frac{\overline{M} M_P}{EI} ds = \int_A^B \frac{\tan\alpha}{EI} x M_P dx = \frac{\tan\alpha}{EI} \int_A^B x d\omega$$

$$(4.11)$$

式中,$d\omega = M_P dx$ 是 M_P 图中阴影部分的微面积;$x d\omega$ 是该微面积对 y 轴的静矩;$\int_A^B x d\omega$ 是整个 M_P 图形的面积对 y 轴的静矩,根据静矩的概念,它应等于 M_P 图的面积 ω 乘以其形心到 y 轴的距离 x_C,即:

$$\int_A^B x d\omega = \omega x_C$$

将上式代入式(4.11)则有:

$$\int_A^B \frac{\overline{M} M_P}{EI} ds = \frac{\tan\alpha}{EI} \omega x_C = \frac{\omega y_C}{EI}$$

式中，y_C 是 M_P 图的形心 C 处所对应的 $\overline{M}$ 图的纵坐标。于是：

$$\Delta_{KP} = \sum \frac{\omega y_C}{EI} \tag{4.12}$$

式中，$\sum$ 表示各 EI 相同的杆段分别图乘，然后相加。

这种用 M_P 和 $\overline{M}$ 两个图形相乘求结构位移的方法叫**图乘法**。它将积分运算简化为图形面积、形心纵坐标的代数计算。

应用图乘法时应注意以下几点：

(1)图乘法的应用是有条件的，积分段为同材料等截面($EI=$ 常数)的直杆段，且 M_P 和 $\overline{M}$ 两个弯矩图中至少有一个是直线图形。先确认其中的直线图形，另一个称为任意图形。ω 取自任意图形；y_C 取自直线图形。

(2)直线图纵坐标 y_C 与任意图图形在杆轴同一侧时，其乘积 ωy_C 取正号，反之取负号。

(3)纵坐标 y_C 的图形必须取自直线图形段($\alpha=$ 常数)，而不是折线或曲线图形。若选定的直线图形不是贯通的直线，而是折线图形，则应将其分成若干直线段分别图乘。

(4)杆件若为阶梯状(各段截面不同，而在每段范围内截面不变)，则各段分别图乘。

(5)若 EI 沿杆长连续变化，或是曲杆，则不能利用图乘法，必须积分计算。

计算中经常遇到三角形、二次和三次抛物线图形面积及其形心位置的计算，为应用方便，将其列入图 4.10 中。需要指出的是，图 4.10 中所示抛物线均为标准抛物线，即：含有顶点且顶点必须处于中点或端点，顶点处的切线与基线平行，如抛物线的顶点与图中不符，就不能直接用图中的结果。

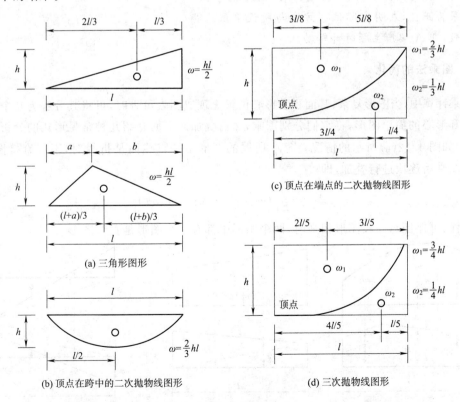

图 4.10

　　图乘法计算位移的解题步骤是：

　　(1)设置虚拟状态。

　　(2)绘制实际状态、虚拟状态的弯矩图 M_P、$\overline{M}$ 图。

　　(3)代入图乘法计算公式计算，$\Delta_{KP} = \sum \dfrac{\omega y_C}{EI}$。

　　【例 4.2】　试求如图 4.11(a)所示简支梁中 A 端的角位移 φ_A。已知 $EI =$ 常数。

　　【解】　(1)设置虚拟状态，加一单位集中力偶于 A 点，转向任意假定，本题虚拟状态如图 4.11(c)所示。

　　(2)绘制 M_P 图与 $\overline{M}$ 图如图 4.11(b)、(c)所示。很显然，以 $\overline{M}$ 图为直线图形，M_P 图为任意图形。在 M_P 图中取面积 $\omega = \dfrac{2}{3} \cdot \dfrac{ql^2}{8} l$；找形心，把 M_P 图的形心横坐标位置引到 $\overline{M}$ 图上，找此处的 $\overline{M}$ 图纵坐标，$y_C = \dfrac{1}{2}$。

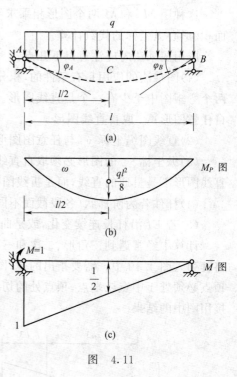

图　4.11

　　(3)代入图乘法计算公式计算：

$$\varphi_A = \sum \frac{\omega y_C}{EI} = \frac{1}{EI}\left(\frac{2}{3} \cdot \frac{ql^2}{8} l\right) \times \frac{1}{2} = \frac{ql^3}{24EI} \ (\curvearrowright)$$

　　图乘计算时两图在杆轴线同侧，乘积取正号。

　　结果为正值，表明实际位移方向与所设单位力指向相一致，即 A 端产生顺时针转动。

4.4.2　图乘法的简化

　　图乘计算中，当图形复杂，其面积及形心位置无现成图表可查时，可将其分解为几个易于确定面积和形心的简单图形，将它们分别图乘，然后叠加。下面介绍几种常见形式的分析方法。

　　(1)如图 4.12(a)所示的情况，当 y_C 所属的图形不是直线而是折线时，不可直接图乘，应该分段图乘后逐段进行叠加，即

$$\Delta_{KP} = \frac{1}{EI}(\omega_1 y_{C1} + \omega_2 y_{C2} + \omega_3 y_{C3})$$

　　这样，可保证每一段图形相乘时，两个图形中都有一个图形是直线图形。

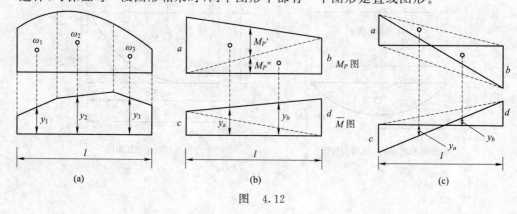

图　4.12

（2）如弯矩图的形心位置不便确定时,可将该图形分为几个易于确定形心位置的部分来计算。例如图 4.12(b)所示,M_P 图与 $\overline{M}$ 图同为两个梯形,相乘时,可不必直接求 M_P 的形心位置,而将它分成两个三角形（也可分为一个矩形和一个三角形）的叠加,此时 $M_P = M'_P + M''_P$,故

$$\Delta_{KP} = \frac{1}{EI}\int \overline{M}(M'_P + M''_P)\mathrm{d}x = \frac{1}{EI}\left[\int \overline{M}M'_P\mathrm{d}x + \int \overline{M}M''_P\mathrm{d}x\right]$$

$$= \frac{1}{EI}\left[\frac{al}{2}y_a + \frac{bl}{2}y_b\right]$$

其中纵标 y_a 和 y_b,可从 $\overline{M}$ 图的两个叠加的三角形中求得:

$$y_a = \frac{2}{3}c + \frac{1}{3}d, \qquad y_b = \frac{1}{3}c + \frac{2}{3}d$$

（3）如图 4.12(c)所示,M_P 和 $\overline{M}$ 图的纵标不在基线同一侧时,仍可分成位于基线两侧的两个三角形,于是

$$\Delta_{KP} = \frac{1}{EI}\left[\frac{al}{2}y_a + \frac{bl}{2}y_b\right]$$

式中,$y_a = -\frac{2}{3}c + \frac{1}{3}d$,$y_b = \frac{1}{3}c - \frac{2}{3}d$。

（4）应用图乘法计算位移时,还常遇到均布荷载 q 作用下,较复杂的弯矩图形 M_P,如图 4.13(a)所示。此时,可将该段弯矩图视为图 4.13(b)所示的简支梁在均布荷载 q 及梁两端力偶 M_A、M_B 作用下的两种弯矩图叠加而成。这样,可将 M_P 分解后的图形与 $\overline{M}$ 图形进行图乘,再取其代数和,即可得出结果。

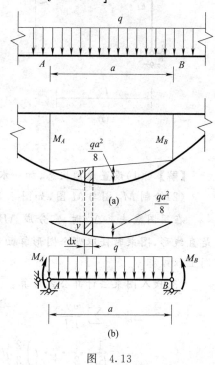

图 4.13

4.4.3 图乘法举例

【例 4.3】 试求如图 4.14(a)所示简支梁中点 C 的竖向位移 Δ_C^V。EI＝常数。

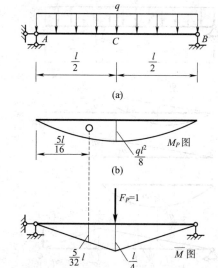

图 4.14

【解】 （1）设置虚拟状态,加一竖向单位集中力于 C 点,如图 4.14(c)所示。

（2）绘制 M_P 图与 $\overline{M}$ 图,如图 4.14(b)、(c)所示。

由于对称,只取半跨图乘,再乘以 2 即可。$\overline{M}$ 图为直线图形,M_P 图为任意图形。M_P 图的左半部分为标准二次抛物线,可直接应用图 4.10 查其面积和形心坐标值计算,其形心所对应 $\overline{M}$ 图的纵坐标,可按几何比例关系在 $\overline{M}$ 图中计算。

（3）代入图乘法计算公式计算。两图在杆轴线同侧,乘积取正号,由此得:

$$\Delta_C^V = \sum \frac{\omega y_C}{EI} = \frac{1}{EI}\left[\left(\frac{2}{3}\times\frac{l}{2}\times\frac{ql^2}{8}\right)\times\frac{5l}{32}\right]\times 2 = \frac{5ql^4}{384EI} \quad (\downarrow)$$

结果为正值,表明实际位移方向与所设单位力指向相一致,即竖直向下。

【例 4.4】 试用图乘法求图 4.15(a)所示刚架 B 点的水平位移 Δ_B^H，已知 EI 为常数。

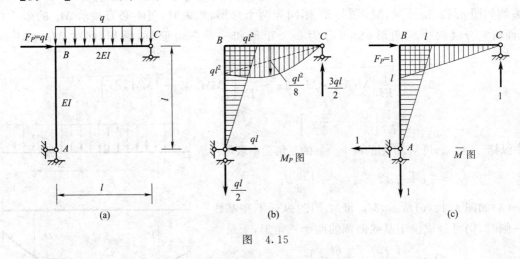

图 4.15

【解】 (1)设置虚拟状态，加一水平单位集中力于 B 点，如图 4.15(c)所示。

(2)绘制 M_P 图与 $\overline{M}$ 图，如图 4.15(b)、(c)所示。

在用图乘法求 Δ_B^H 时，需分成 AB 和 BC 两段进行计算。在 AB 段上由于 M_P 图和 $\overline{M}$ 图都是直线形，图乘时任取哪个图形算面积 ω 都行。在 BC 段上取 M_P 曲线图形计算面积 ω，在 $\overline{M}$ 图上取纵标 y_C。

(3)代入图乘法计算公式计算：

$$\Delta_B^H = \sum \frac{\omega y_C}{EI}$$

$$= \frac{1}{EI}\left(\frac{1}{2} \cdot l \cdot l\right)\frac{2}{3}ql^2 + \frac{1}{2EI}\left[\left(\frac{1}{2}ql^2 \cdot l\right)\frac{2}{3}l + \left(\frac{2}{3} \cdot \frac{ql^2}{8} \cdot l\right)\frac{l}{2}\right]$$

$$= \frac{25ql^4}{48EI} \ (\rightarrow)$$

结果为正值，表明实际位移方向与所设单位力指向相一致，即水平向右。

【例 4.5】 试用图乘法求图 4.16(a)所示外伸梁 C 点竖向位移 Δ_C^V。EI 为常数。

【解】 (1)设置虚拟状态，加一竖向单位集中力于 C 点，如图 4.16(c)所示。

(2)绘制 M_P 图与 $\overline{M}$ 图，如图 4.14(b)、(c)所示。

BC 段的 M_P 图是标准二次抛物线；AB 段的 M_P 图较为复杂，将其分解为一个三角形和一个标准二次抛物线图形的叠加。

(3)代入图乘法计算公式计算：

$$\Delta_C^V = \sum \frac{\omega y_C}{EI} = \frac{1}{EI}(\omega_1 y_1 + \omega_2 y_2 + \omega_3 y_3)$$

其中

$$\omega_1 = \frac{1}{3} \times \frac{l}{2} \times \frac{ql^2}{8}, \quad y_1 = \frac{3}{4} \times \frac{l}{2}$$

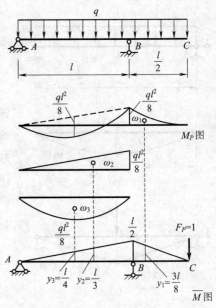

图 4.16

$$\omega_2 = \frac{l}{2} \times \frac{ql^2}{8}, \quad y_2 = \frac{2}{3} \times \frac{l}{2}$$

$$\omega_3 = \frac{2l}{3} \times \frac{ql^2}{8}, \quad y_3 = \frac{1}{2} \times \frac{l}{2}$$

得 $$\Delta_C^V = \frac{1}{EI}\left(\frac{ql^3}{48} \times \frac{3}{8}l + \frac{ql^3}{16} \times \frac{1}{3}l - \frac{ql^3}{12} \times \frac{1}{4}l\right) = \frac{ql^4}{128EI} \ (\downarrow)$$

4.5 互 等 定 理

本节讨论弹性结构的两个互等定理,即功的互等定理和位移互等定理。这些定理在计算结构位移、求解超静定结构等问题中经常用到。

4.5.1 功的互等定理

功的互等定理可直接由变形体虚功原理推导出来。

设有两组外力分别作用在同一结构上,如图 4.17 所示,分别称为状态 1 和状态 2。

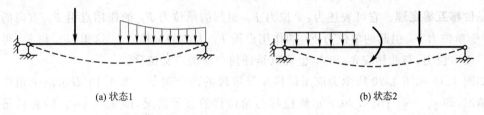

(a) 状态1 　　　　　　　　　　　　　　　(b) 状态2

图 4.17

取状态 1 的力系作为做功的力系,状态 2 的位移作为做功的位移,则状态 1 的内力在状态 2 的变形上所做的变形虚功为

$$W_{12}^{内} = \sum \int N_1 \mathrm{d}u_2 + \sum \int M_1 \mathrm{d}\varphi_2 + \sum \int F_{Q1} \mathrm{d}\eta_2$$

$$= \sum \int \frac{N_1 N_2}{EA}\mathrm{d}s + \sum \int \frac{M_1 M_2}{EI}\mathrm{d}s + \sum \int k \frac{F_{Q1} F_{Q2}}{GA}\mathrm{d}s \tag{4.13}$$

再取状态 2 的力系作为做功的力系,状态 1 的位移作为做功的位移,则状态 2 的内力在状态 1 的变形上所做的变形虚功为

$$W_{21}^{内} = \sum \int N_2 \mathrm{d}u_1 + \sum \int M_2 \mathrm{d}\varphi_1 + \sum \int F_{Q2} \mathrm{d}\eta_1$$

$$= \sum \int \frac{N_1 N_2}{EA}\mathrm{d}s + \sum \int \frac{M_1 M_2}{EI}\mathrm{d}s + \sum \int k \frac{F_{Q1} F_{Q2}}{GA}\mathrm{d}s \tag{4.14}$$

对比式(4.13)和式(4.14),得:

$$W_{12}^{内} = W_{21}^{内}$$

由变形体虚功原理可知,外力虚功等于内力虚功。设状态 1 上的外力在状态 2 的位移上所做的外力虚功用 W_{12} 表示,状态 2 上的外力在状态 1 的位移上所做的外力虚功用 W_{21} 表示,则

$$W_{12} = W_{21} \tag{4.15}$$

式(4.15)即称为**功的互等定理**。它可表述为:状态 1 上的外力在状态 2 的位移上所做的虚功,等于状态 2 上的外力在状态 1 的位移上所做的虚功。

4.5.2　位移互等定理

位移互等定理是功的互等定理的一种特殊情况。

如图 4.18 所示的两个状态中，设作用的荷载都是单位力，即 $F_{P1}=F_{P2}=1$，与其相应的位移用 δ_{12} 和 δ_{21} 表示，则由功的互等定理式(4.15)得：

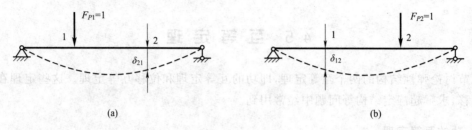

图　4.18

$$1\times\delta_{12}=1\times\delta_{21}$$

故　　　　　　　　　　　　　　　　$$\delta_{12}=\delta_{21}$$

这就是**位移互等定理**。它可表述为：单位力 F_{P2} 引起的单位力 F_{P1} 的作用点沿 F_{P1} 方向的位移 δ_{12}，等于单位力 F_{P1} 引起的单位力 F_{P2} 的作用点沿 F_{P2} 方向的位移 δ_{21}。这里，F_{P1} 和 F_{P2} 可以是任何广义单位力，与此相应 δ_{12} 和 δ_{21} 也可以是任何对应的广义位移。

如图 4.19 和图 4.20 所示为应用位移互等定理的两个例子。图 4.19 表示两个角位移互等的情况，即 $\varphi_{12}=\varphi_{21}$；图 4.20 表示线位移与角位移的互等情况，即 $\delta_{12}=\varphi_{21}$。后者只是数值上相等，量纲则不同。

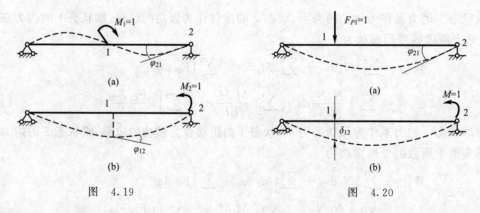

图　4.19　　　　　　　　　　　　　　　　图　4.20

 本章小结

4.1　结构位移的概念

结构位置的变化称为结构的位移，它有线位移和角位移、绝对位移和相对位移等。线位移是指杆件横截面形心所移动的距离，常用水平位移和竖向位移两个分量来表示。角位移是指截面所转动的角度，常称为转角。结构上某两点水平（竖向）线位移的代数和（方向相反时相加）称为该两点的水平（竖向）相对线位移。某两个截面转角的代数和（方向相反时相加）称为该两截面的相对角位移。

4.2　变形体虚功原理

体系上的所有外力(包括荷载和支座反力)在相应位移上所做虚功之和(称为外力虚功),等于全部内力在相应变形上所做虚功之和(称为内力虚功或变形虚功)。

4.3　位移计算公式

(1)位移计算的一般公式

$$\Delta_K = \sum \int_0^l \overline{F}_N du + \sum \int_0^l \overline{M} d\varphi + \sum \int_0^l \overline{F}_Q \gamma ds - \sum \overline{F}_{Ri} C_i$$

(2)常见的梁和刚架仅在荷载作用下的位移计算公式

$$\Delta_{KP} = \sum \int_0^l \frac{\overline{M} M_P}{EI} ds$$

4.4　图乘法

(1)公式

$$\Delta_{KP} = \sum \frac{\omega y_C}{EI}$$

(2)解题步骤

①设置虚拟状态。

②绘制实际状态、虚拟状态的弯矩图 M_P、$\overline{M}$。

③代入图乘法计算公式计算 $\Delta_{KP} = \sum \dfrac{\omega y_C}{EI}$。

 复习思考题

4.1　什么是线位移? 什么是角位移? 什么是相对位移?

4.2　试说明结构位移计算一般公式中各符号的意义。

4.3　结构位移计算为什么要设置虚拟状态? 如何设置?

4.4　应用单位荷载法求位移时如何确定所求位移方向?

4.5　图乘法的应用条件是什么?

4.6　应用图乘法计算位移时,正负号如何确定?

4.7　画出题 4.7 图中求指定位移时相应的虚拟状态。

(1)图(a)求 Δ_C^V。

(2)图(b)求 C 铰左右两侧截面的相对角位移 $\varphi_{C左-右}$。

(3)图(c)求 φ_B。

(4)图(d)求 Δ_{C-D}。

(5)图(e)求 φ_{B-D}。

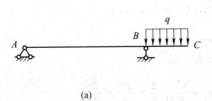

(a)

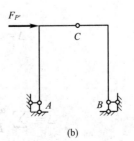

(b)

題 4.7 图

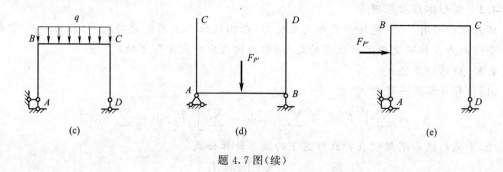

题 4.7 图（续）

4.8 求桁架 C 点的竖向位移 Δ_C^V，各杆 EA 相同且为常数。

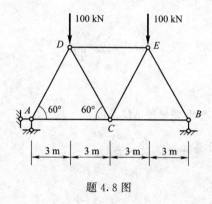

题 4.8 图

4.9 如题 4.9 图所示，下列各图乘对不对？

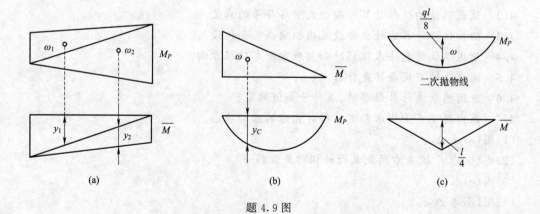

题 4.9 图

$$\Delta = \sum \frac{\omega y_C}{EI} = \frac{1}{EI}(\omega_1 y_1 + \omega_2 y_2)$$

$$\Delta = \sum \frac{\omega y_C}{EI} = \frac{1}{EI}\omega y_C$$

$$\Delta = \sum \frac{\omega y_C}{EI} = \frac{1}{EI}\omega y_C = \frac{1}{EI}\left(\frac{2}{3}\times\frac{ql^2}{8}\times\frac{l}{4}\right)$$

4.10　用图乘法求各图示结构指定位移，EI 为常数。

（1）求图（a）Δ_D^V。

（2）求图（b）φ_B。

（3）求图（c）φ_{A-B}。

（4）求图（d）Δ_D^V。

（5）求图（e）Δ_C^V 及 φ_B。

（6）求图（f）Δ_B^H 及 φ_A。

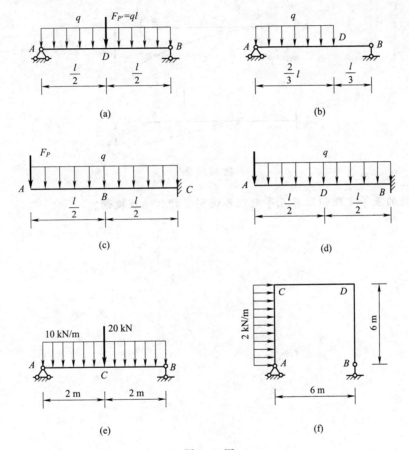

题 4.10 图

4.11　同一外伸梁受不同单位力作用的两种情形分别如题 4.11 图（a）、（b）所示，用此两图验算位移互等定理，EI 为常数。

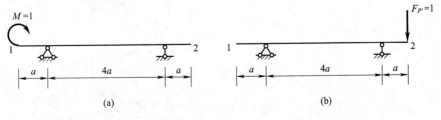

题 4.11 图

4.12　下列图示为同一悬臂梁受不同单位力作用的三种情形。请根据互等定理找出其中相等的数值。

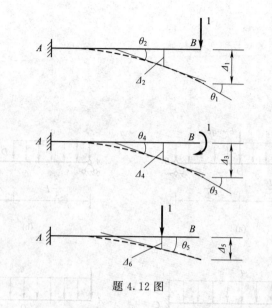

题 4.12 图

4.13　功的互等定理和位移互等定理各说明了什么物理概念？

5 力　　法

本章描述

　　力法是计算超静定结构的基本方法。本章讲述用力法求解超静定结构的原理及用力法求解超静定结构的解题方法。

教学目标

　　1. 知识目标

掌握判别结构超静定次数的方法，做出力法基本结构，熟练计算力法典型方程中的系数和自由项，画出内力图。

　　2. 能力目标

掌握力法的概念，会计算超静定梁和超静定刚架的内力。

　　3. 素质目标

通过力法的学习培养学生分析解决问题的能力，为后续内容的学习打下良好基础。

相关案例——框架结构

　　如图 5.1 所示的厂房框架结构，由于梁和柱坚固地连接在一起而形成刚结点，它们组成的结构为超静定结构，计算这些梁和柱的内力时只用静力平衡条件是不能解出的，如何分析计算这类结构呢？本章将提供计算超静定结构的理论基础和计算方法。

图　5.1

5.1　超静定结构概述

5.1.1　超静定结构组成

超静定结构的概念是在和静定结构的比较中产生的。

一个结构,如果它的支座反力和内力都可以用静力平衡条件唯一的确定,就称为**静定结构**,图 5.2(a)所示简支梁就是一个静定结构的例子。

一个结构,如果它的支座反力和内力不能用静力平衡条件唯一的确定,就称为**超静定结构**,图 5.2(b)所示连续梁就是一个超静定结构的例子。

图　5.2

再从几何组成分析看,静定结构是自由度等于零的几何不变体系。超静定结构是自由度小于零的几何不变体系。从图 5.2(a)的简支梁中去掉链杆 B,结构就变成几何可变体系。而从图 5.2(b)的连续梁中去掉链杆 C,结构仍是几何不变体系,因此连续梁的 C 链杆是多余联系,或称多余约束。

总起来说,超静定结构区别于静定结构的基本特点是:支座反力和内力不能用静力平衡条件确定,约束有多余。

5.1.2　超静定次数

从几何组成上看,超静定结构可以认为是在静定结构上增加若干个多余联系而得到的,超**静定的次数**就是多余联系的数目。也就是,结构上有几个多余联系就是几次超静定。以后我们把多余联系上产生的力,称为**多余未知力**,通常用 X 来表示。下面讨论确定超静定次数的方法。

我们在前面讨论过结构的自由度 W,如果结构是几何不变的,超静定次数 n 为

$$n = -W = -(3m - 2h - r) \tag{5.1}$$

我们还可以采用,把超静定结构的多余联系去掉后变成静定结构的方法,在这个过程中去掉了几个多余联系就是几次超静定。去掉多余联系的方法可归纳如下:

(1)去掉一个可动铰支座,如图 5.3(a),或切断一根链杆,如图 5.3(b),相当于去掉一个联系。

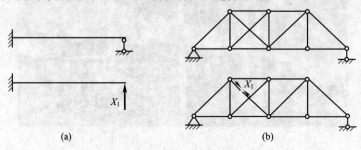

图　5.3

（2）去掉一个固定铰支座，如图 5.4(a)所示，或拆开一个单铰，如图 5.4(b)所示，相当于去掉两个联系。

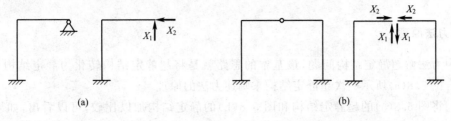

图 5.4

（3）去掉一个固定端支座，如图 5.5(a)所示，或切断一个刚性联结，如图 5.5(b)所示，相当于去掉三个联系。

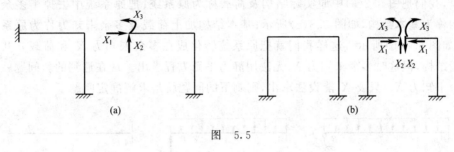

图 5.5

（4）将刚性联接改为单铰联结，或将固定端支座改为固定铰支座，相当于去掉一个联系，如图 5.6 所示。

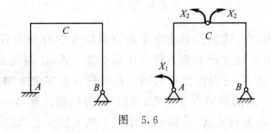

图 5.6

5.1.3 封闭框架结构的超静定次数确定

确定封闭框架结构的超静定次数 n，可用如下公式：

$$n = 3f - h \tag{5.2}$$

式中，f 为封闭框架的个数；h 为单铰数。

如图 5.7(a)所示的超静定次数 $n = 3 \times 4 - 0 = 12$，如图 5.7(b)所示的超静定次数 $n = 3 \times 4 - 5 = 7$。

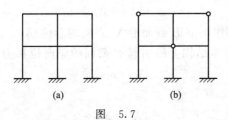

图 5.7

5.2 力 法 原 理

5.2.1 力法原理

采用力法解超静定结构问题,最基本的思路就是将超静定结构转化为静定结构来计算。下面结合图 5.8(a)所示一次超静定结构来阐述力法的原理。

我们将图 5.8(a)的超静定结构和图 5.8(b)的静定结构加以比较,可以看出,如果图 5.8(a)的 B 支座约束反力为 X_1,则两图是等效的,超静定结构比静定结构多了约束,故我们认为图 5.8(a)的 B 支座是多余约束,多余约束产生的反力 X_1 称为多余未知力,我们把多余约束去掉,用多余未知力代替,图 5.8(a)就可以等效的转化为图 5.8(b)。

这里,我们把图 5.8(a)中原实际结构及荷载称为**原系统**;把原系统中去掉了多余联系的静定结构称为**基本结构**,如图 5.8(c)所示;基本结构加上荷载及多余未知力称为**原系统的相当系统**,如图 5.8(b)所示。这样我们就把原系统转化成在多余未知力 X_1 和荷载 q 共同作用下的静定结构,但这时多余未知力 X_1 无法用静力平衡方程求出。现在遇到的新问题就是如何求出多余未知力 X_1,只要 X_1 能设法求出,则剩下的问题就是求解静定问题了。

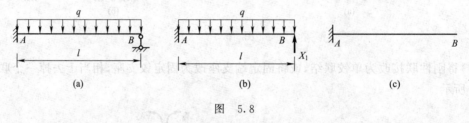

图　5.8

为了计算多余未知力 X_1,我们需要建立平衡方程以外的补充方程。分析发现,利用原系统去掉联系处的位移条件可建立出补充方程。从原系统上看,B 截面处为一个可动铰链,其沿链杆方向的位移等于零(沿 X_1 方向的位移),因此在荷载 q 和多余未知力 X_1 的共同作用下,相当系统中 B 截面沿链杆方向的位移也等于零,即沿 X_1 方向的位移 $\Delta_1 = 0$。

现在,将荷载 q 和多余未知力 X_1 分别单独作用在基本结构上,如图 5.9 所示,得到在荷载 q 单独作用下 B 截面沿 X_1 方向的位移 Δ_{1P} 及在 X_1 单独作用下 B 截面沿 X_1 方向的位移 Δ_{11}。

图　5.9

利用叠加原理,位移条件可写成

$$\Delta_1 = \Delta_{11} + \Delta_{1P} = 0$$

式中,Δ_1 就是在 q 和 X_1 共同作用下 B 截面沿 X_1 方向的总位移。

设 $X_1 = 1$ 单独作用在基本结构上所引起 B 截面的竖向位移为 δ_{11},则

$$\Delta_{11} = \delta_{11} X_1$$

于是位移条件又可以写成

$$\delta_{11} X_1 + \Delta_{1P} = 0 \qquad\qquad (5.3)$$

这就是一次超静定结构的力法基本方程。

力法基本方程中的 δ_{11} 称为 X_1 的**系数**；Δ_{1P} 称为**自由项**，他们都是基本结构即静定结构的位移，可以通过图乘法进行计算。为了计算 δ_{11} 和 Δ_{1P}，需作出基本结构在荷载 q 作用下的弯矩图 M_P [图 5.10(a)] 和在单位力 $X_1 = 1$ 作用下的弯矩图 $\overline{M}_1$ [图 5.10(b)]。

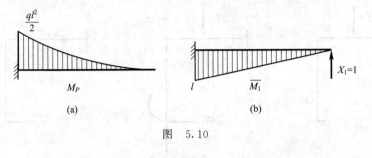

图 5.10

$$\delta_{11} = \frac{\omega y}{EI} = \frac{1}{EI}\left(\frac{l \cdot l}{2} \times \frac{2l}{3}\right) = \frac{l^3}{3EI}$$

$$\Delta_{1P} = -\frac{\omega y}{EI} = -\frac{1}{EI}\left(\frac{1}{3} \times l \times \frac{ql^2}{2} \times \frac{3l}{4}\right) = -\frac{ql^4}{8EI}$$

将以上两式代入力法方程(5.3)得

$$\frac{l^3}{3EI}X_1 - \frac{ql^4}{8EI} = 0$$

解得：

$$X_1 = \frac{3ql}{8}$$

求出 X_1 后，就可以利用静力法绘出相当系统的内力图，也就是原系统的内力图，如图 5.11 所示

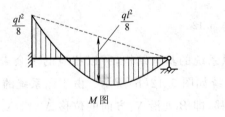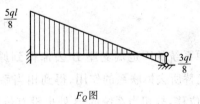

图 5.11

根据叠加原理，弯矩图 M 也可以用下列公式表示：

$$M = \overline{M}_1 X_1 + M_P \tag{5.4}$$

像求解图 5.8(a)一样，用多余未知力代替原系统中的多余联系，得到原系统的相当系统，根据原系统与相当系统的受力和变形一致的条件，建立补充方程，求出多余未知力，再根据平衡条件就可以计算出其余的支座反力以及结构内力，这种方法称为**力法**。

力法解超静定结构的特点是，把多余未知力 X 的计算作为超静定计算的关键问题，所以才称之为力法。多余未知力 X 是力法的**基本未知量**。

确定基本结构时应注意：

(1)基本结构是在原系统的基础上去掉多余联系得到的，不能增加约束。

(2)基本结构一定是几何不变体系，不能是几何可变或瞬变体系。

(3)同一超静定结构所取基本结构会有不同的形式，以计算简便为好。

5.2.2　多次超静定结构的计算

对于多次超静定结构，其计算原理和计算方法与一次超静定结构是相同的。下面以图 5.12(a)所示三次超静定刚架为例来讨论力法的解题过程。

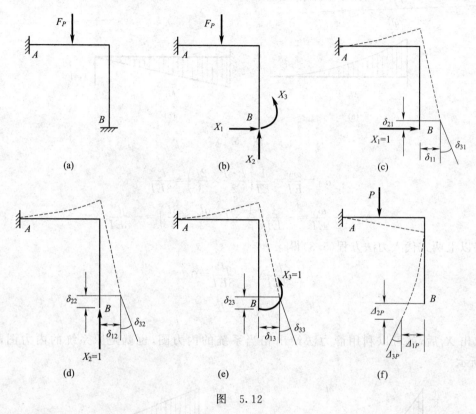

图　5.12

先将原系统的固定端支座 B 去掉得到原系统的基本结构，并以相应的多余未知力 X_1、X_2、X_3 来代替所去掉联系的作用，得到相当系统如图 5.12(b)所示。由于原系统的 B 处为固定端，没有位移，故相当系统的 B 处也没有位移，即 B 处沿 X_1 方向的位移 Δ_1，沿 X_2 方向的位移 Δ_2，沿 X_3 方向的位移 Δ_3 都等于零。这就是我们建立方程的位移条件。根据叠加原理分析位移如下：

(1)在 $X_1=1$ 单独作用下，基本结构 B 截面沿各个多余未知力方向的位移分别为 δ_{11}、δ_{21}、δ_{31}，如图 5.12(c)所示，则在 X_1 作用下其位移分别为 $\delta_{11}X_1$、$\delta_{21}X_1$、$\delta_{31}X_1$。（其系数的前下标表示位移的位置和方向；后下标表示引起位移的原因）。

(2)在 $X_2=1$ 单独作用下，基本结构 B 截面沿各个多余未知力方向的位移分别为 δ_{12}、δ_{22}、δ_{32}，如图 5.12(d)所示，则在 X_2 作用下其位移分别为 $\delta_{12}X_2$、$\delta_{22}X_2$、$\delta_{32}X_2$。

(3)在 $X_3=1$ 单独作用下，基本结构 B 截面沿各个多余未知力方向的位移分别为 δ_{13}、δ_{23}、δ_{33}，如图 5.12(e)所示，则在 X_3 作用下其位移分别为 $\delta_{13}X_3$、$\delta_{23}X_3$、$\delta_{33}X_3$。

(4)在外荷载单独作用下，基本结构 B 截面沿各个多余未知力方向的位移分别为 Δ_{1P}、Δ_{2P}、Δ_{3P}，如图 5.12(f)所示。

将上述位移叠加后可写成

$$\begin{cases} \Delta_1 = \delta_{11}X_1 + \delta_{12}X_2 + \delta_{13}X_3 + \Delta_{1P} = 0 \\ \Delta_2 = \delta_{21}X_1 + \delta_{22}X_2 + \delta_{23}X_3 + \Delta_{2P} = 0 \\ \Delta_3 = \delta_{31}X_1 + \delta_{32}X_2 + \delta_{33}X_3 + \Delta_{3P} = 0 \end{cases} \quad (5.5)$$

这就是根据位移条件建立的求多余未知力 X_1、X_2 和 X_3 的方程组。由于方程的组成具有一定的规律性,故称为**力法典型方程**。其中,下标相同的系数 δ_{ii} 在一条斜线(主对角线)上称为**主系数**,下标不同的系数 δ_{ij} 称为**副系数**,Δ_{iP} 则称为**自由项**。各系数和自由项都是基本结构在一个单位力或荷载作用下的位移,正方向和多余未知力的方向一致,主系数恒为正值,且不会等于零。根据位移互等定理,副系数 $\delta_{ij} = \delta_{ji}$。各系数和自由项都可以用我们熟悉的位移公式求得。

对于 n 次超静定结构,由于有 n 个多余联系,就有 n 个多余未知力,可以按相应的位移条件建立 n 个方程,当原系统在多余未知力方向的位移等于零时,力法典型方程可写成:

$$\begin{cases} \delta_{11}X_1 + \delta_{12}X_2 + \cdots + \delta_{1n}X_n + \Delta_{1P} = 0 \\ \delta_{21}X_1 + \delta_{22}X_2 + \cdots + \delta_{2n}X_n + \Delta_{2P} = 0 \\ \qquad\qquad\qquad \vdots \\ \delta_{n1}X_1 + \delta_{n2}X_2 + \cdots + \delta_{nn}X_n + \Delta_{nP} = 0 \end{cases} \quad (5.6)$$

利用图乘法计算系数和自由项时,有规律可循,即利用系数或自由项的下标编号就可以判断出是哪两个图的图乘,如 δ_{12} 就是 $\overline{M}_1$ 和 $\overline{M}_2$ 两个图的图乘,δ_{23} 就是 $\overline{M}_2$ 和 $\overline{M}_3$ 两个图的图乘,Δ_{1P} 就是 $\overline{M}_1$ 和 M_P 两个图的图乘。

5.3 力法应用举例

【例 5.1】 试用力法计算如图 5.13(a)所示连续梁,绘出弯矩图。设全梁 $EI =$ 常数。

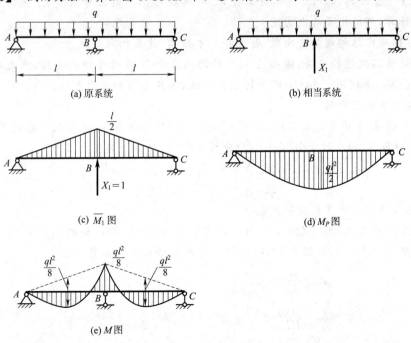

图 5.13

【解】 （1）确定结构超静定次数，并选择基本结构，建立相当系统

图 5.13(a)所示连续梁具有一个多余联系，是一次超静定结构，如果去掉 B 链杆约束，用多余未知力 X_1 代替，即可得到相当系统，其基本结构为简支梁，如图 5.13(b)所示。

（2）建立力法典型方程

根据原系统 B 支座沿 X_1 方向的位移等于零的条件，写出力法典型方程：

$$\delta_{11}X_1 + \Delta_{1P} = 0$$

（3）在基本结构上计算系数和自由项

作出基本结构在 $X_1=1$ 作用下的单位弯矩图 $\overline{M}_1$，如图 5.13(c)所示，并作荷载作用下的弯矩图 M_P，如图 5.13(d)所示，用图乘法求各个系数和自由项。

$$\delta_{11} = \sum \frac{\omega y}{EI} = \frac{1}{EI}\left(\frac{1}{2}\times\frac{l}{2}\times l\times\frac{2}{3}\times\frac{l}{2}\right)\times 2 = \frac{l^3}{6EI}$$

$$\Delta_{1P} = \sum \frac{\omega y}{EI} = \frac{1}{EI}\left(-\frac{2}{3}\times\frac{ql^2}{2}\times l\times\frac{5}{8}\times\frac{l}{2}\right)\times 2 = -\frac{5ql^4}{24EI}$$

（4）解力法典型方程

将求得的 δ_{11}、Δ_{1P} 代入力法典型方程，可求得多余未知力 X_1：

$$X_1 = -\frac{\Delta_{1P}}{\delta_{11}} = \frac{5ql^4}{24EI}\times\frac{6EI}{l^3} = \frac{5ql}{4}(\uparrow)$$

（5）作弯矩图 M

应用叠加法画弯矩图。

$$M = \overline{M}_1 X_1 + M_P$$

$$M_{BA} = M_{BC} = -\frac{l}{2}\times\frac{5ql}{4} + \frac{ql^2}{2} = -\frac{ql^2}{8}(\text{上侧受拉})$$

最后的弯矩图如图 5.13(e)所示。

【例 5.2】 图 5.14(a)所示两跨连续梁，已知荷载为 q，杆的抗弯刚度 EI 为常数。试用力法对其进行计算，并绘出梁的内力图。

【解】 （1）确定结构超静定次数，并选择基本结构，建立相当系统

此连续梁是二次超静定梁，撤去 A 端的转动约束和 B 端的可动铰支座，代之以相应的多余未知力 X_1、X_2，得到图 5.14(b)所示的相当系统，其基本结构为简支梁。

（2）建立力法典型方程

根据原系统在 A 端固定不能转动，在 B 端无竖向位移的条件，可知相当系统上与 X_1 相应的角位移 Δ_1 和与 X_2 相应的竖向位移 Δ_2 应分别等于零，故力法典型方程为

$$\begin{cases}\delta_{11}X_1 + \delta_{12}X_2 + \Delta_{1P} = 0 \\ \delta_{21}X_1 + \delta_{22}X_2 + \Delta_{2P} = 0\end{cases} \tag{a}$$

（3）在基本结构上计算系数和自由项

作出基本结构在 $X_1=1$、$X_2=1$ 作用下的单位弯矩图 $\overline{M}_1$、$\overline{M}_2$，如图 5.14(c)、(d)所示，并作出荷载作用下的 M_P 图，如图 5.14(e)所示。用图乘法求系数和自由项。

$$\delta_{11} = \frac{\omega y}{EI} = \frac{1}{EI}\left(\frac{1}{2}\times 1\times 2l\times\frac{2}{3}\times 1\right) = \frac{2l}{3EI}$$

$$\delta_{12} = \delta_{21} = \frac{\omega y}{EI} = -\frac{1}{EI}\left(\frac{1}{2}\times\frac{l}{2}\times 2l\times\frac{1}{2}\times 1\right) = -\frac{l^2}{4EI}$$

$$\delta_{22} = \frac{\omega y}{EI} = \frac{1}{EI}\left(\frac{1}{2}\times\frac{l}{2}\times l\times\frac{2}{3}\times\frac{l}{2}\right)\times 2 = \frac{l^3}{6EI}$$

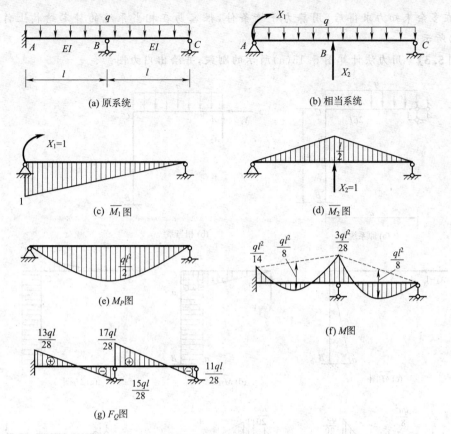

图 5.14

$$\Delta_{1P}=\frac{\omega y}{EI}=\frac{1}{EI}\left(\frac{2}{3}\times\frac{ql^2}{2}\times2l\times\frac{1}{2}\times1\right)=\frac{ql^3}{3EI}$$

$$\Delta_{2P}=\frac{\omega y}{EI}=-\frac{1}{EI}\left(\frac{2}{3}\times\frac{ql^2}{2}\times l\times\frac{5}{8}\times\frac{l}{2}\right)\times2=-\frac{5ql^4}{24EI}$$

(4)解力法典型方程

将所求系数和自由项代入到式(a)的力法典型方程,经整理后,得

$$\begin{cases}-6X_1+4lX_2-5ql^2=0\\8X_1-3lX_2+4ql^2=0\end{cases}$$

解得

$$X_1=-\frac{ql^2}{14},\qquad X_2=\frac{8ql^2}{7}$$

(5)画内力图

应用叠加法画弯矩图。

$$M=\overline{M}_1X_1+\overline{M}_2\,X_2+M_P$$

$$M_A=1\times X_1=-\frac{ql^2}{14}(上侧受拉)$$

$$M_B=\frac{1}{2}\times X_1-\frac{l}{2}\times X_2+\frac{ql^2}{2}=\frac{1}{2}\times\left(-\frac{ql^2}{14}\right)-\frac{l}{2}\times\frac{8ql^2}{7}+\frac{ql^2}{2}=-\frac{3ql^2}{28}(上侧受拉)$$

分别计算出各段控制截面的弯矩值后,即可作出弯矩图 M,如图5.14(f)所示。对于剪力

图 F_Q，在多余未知力求得后，用静力平衡条件，很容易在相当系统的静定结构上作出，如图5.14(g)所示。

【例 5.3】 用力法计算图 5.15(a)所示的刚架，并绘出内力图。

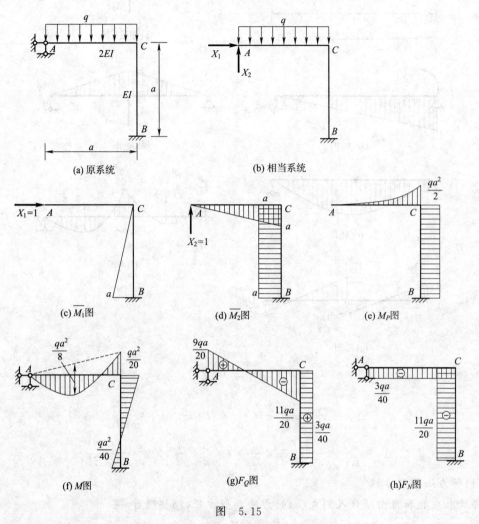

(a)原系统　　　　　　　　(b)相当系统

(c) $\overline{M}_1$图　　(d) $\overline{M}_2$图　　(e) M_P图

(f) M图　　(g)F_Q图　　(h)F_N图

图　5.15

【解】 (1)确定结构超静定次数，并选择基本结构，建立相当系统

该刚架为二次超静定结构，将 A 支座的两根链杆去掉，并以相应的多余未知力 X_1、X_2 代替其作用，得到如图 5.15(b)所示的相当系统。

(2)建立力法典型方程

根据原系统 A 支座处水平位移和竖直位移等于零的条件，建立力法典型方程：

$$\begin{cases}\delta_{11}X_1+\delta_{12}X_2+\Delta_{1P}=0\\\delta_{21}X_1+\delta_{22}X_2+\Delta_{2P}=0\end{cases} \tag{b}$$

(3)在基本结构上计算系数和自由项

作出基本结构在 $X_1=1$、$X_2=1$ 作用下的单位弯矩图 $\overline{M}_1$、$\overline{M}_2$，如图 5.15(c)、(d)所示，并作出荷载作用下的 M_P 图，如图 5.15(e)所示。用图乘法求系数和自由项。

$$\delta_{11}=\frac{\omega y}{EI}=\frac{1}{EI}\left(\frac{1}{2}\times a\times a\times\frac{2}{3}\times a\right)=\frac{a^3}{3EI}$$

$$\delta_{12}=\delta_{21}=\frac{\omega y}{EI}=\frac{1}{EI}\left(\frac{1}{2}\times a\times a\times a\right)=\frac{a^3}{2EI}$$

$$\delta_{22}=\frac{\omega y}{EI}=\frac{1}{2EI}\left(\frac{1}{2}\times a\times a\times\frac{2}{3}\times a\right)+\frac{1}{EI}(a\times a\times a)=\frac{7a^3}{6EI}$$

$$\Delta_{1P}=\frac{\omega y}{EI}=-\frac{1}{EI}\left(\frac{qa^2}{2}\times a\times\frac{1}{2}\times a\right)=-\frac{qa^4}{4EI}$$

$$\Delta_{2P}=\frac{\omega y}{EI}=-\frac{1}{2EI}\left(\frac{1}{3}\times\frac{qa^2}{2}\times a\times\frac{3}{4}\times a\right)-\frac{1}{EI}\left(\frac{qa^2}{2}\times a\times a\right)=-\frac{9qa^4}{16EI}$$

（4）解力法典型方程

将所求系数和自由项代入式（b）的力法典型方程，经整理后，得

$$\begin{cases}4X_1+6X_2-3qa=0\\24X_1+56X_2-27qa=0\end{cases}$$

解得

$$X_1=\frac{3qa}{40},\quad X_2=\frac{9qa}{20}$$

（5）画内力图

应用叠加法画弯矩图。

$$M=\overline{M}_1X_1+\overline{M}_2X_2+M_P$$

$$M_{CA}=M_{CB}=aX_2+\frac{qa^2}{2}=a\times\frac{9qa}{20}-\frac{qa^2}{2}=-\frac{qa^2}{20}（外侧受拉）$$

$$M_{BC}=a\times X_1+a\times X_2-\frac{qa^2}{2}=a\times\left(\frac{3qa}{40}\right)+a\times\frac{9qa}{20}-\frac{qa^2}{2}=\frac{qa^2}{40}（右侧受拉）$$

分别计算出各段控制截面的弯矩值后，即可作出弯矩图 M，如图 5.15（f）所示对于剪力图 F_Q，和轴力图 F_N，在多余未知力求得后，用静力平衡条件，很容易在相当系统的静定结构上作出，如图 5.15（g）、（h）所示。

【例 5.4】 用力法计算图 5.16（a）所示的超静定平面桁架各杆的轴力，已知各杆的 $EI=$ 常数。

【解】 （1）确定结构超静定次数，并选择基本结构，建立相当系统

该桁架为一次超静定结构，切断杆件 CF，用多余未知力 X_1 代替，得到图 5.16（b）所示的相当系统。

（2）建立力法典型方程

根据杆件 CF 切口两侧截面沿杆轴方向相对位移等于零的条件，建立力法典型方程：

$$\delta_{11}X_1+\Delta_{1P}=0$$

（3）在基本结构上计算系数和自由项

首先计算基本结构在 $X_1=1$ 作用下的轴力 $\overline{F}_{N1}$ 以及在荷载 F_P 作用下的轴力，各杆轴力分别标于图 5.16（c）、（d）中。

$$\delta_{11}=\sum\frac{\overline{F}_{N1}{}^2l}{EA}=\frac{1}{EA}\left[\left(-\frac{\sqrt{2}}{2}\right)^2\times3\times4+\left(1^2\times3\sqrt{2}\right)\times2\right]=\frac{6}{EI}(1+\sqrt{2})$$

$$\Delta_{1P}=\sum\frac{\overline{F}_{N1}F_{NP}l}{EA}=\frac{1}{EA}\left[\left(-\frac{\sqrt{2}}{2}\right)\left(-\frac{F_P}{2}\right)\times3+\left(-\frac{\sqrt{2}}{2}\right)\left(\frac{F_P}{2}\right)\times3+1\times\frac{F_P\sqrt{2}}{2}\times3\sqrt{2}\right]=\frac{3F_P}{EI}$$

（4）解力法典型方程

将所求系数和自由项代入到力法典型方程，解得

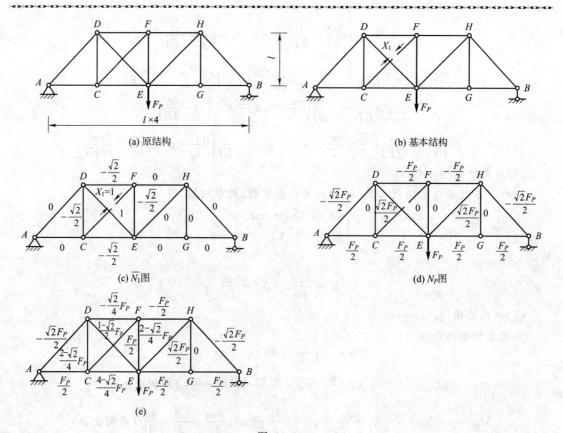

图　5.16

$$X_1 = -\frac{\Delta_{1P}}{\delta_{11}} = \frac{(1-\sqrt{2})F_P}{2}$$

（5）求各杆轴力

利用叠加公式 $F_N = \overline{F}_{N1} + F_{NP}$，求出各杆的最终轴力。各杆轴力标在相应的杆件上，如图 5.16(e)所示。为清楚起见，将 $\overline{F}_{N1}$、F_{NP}、F_N 的数值列于表 5.1 中。

表 5.1　杆件轴力

杆件	杆长 l	$\overline{F}_{N1}$	F_{NP}	F_N
AC	3	0	$\frac{F_P}{2}$	$\frac{F_P}{2}$
AD	$3\sqrt{2}$	0	$-\frac{\sqrt{2}F_P}{2}$	$-\frac{\sqrt{2}F_P}{2}$
CD	3	$-\frac{\sqrt{2}}{2}$	0	$\frac{2-\sqrt{2}}{4}F_P$
CE	3	$-\frac{\sqrt{2}}{2}$	$\frac{F_P}{2}$	$\frac{4-\sqrt{2}}{4}F_P$
CF	$3\sqrt{2}$	1	0	$\frac{1-\sqrt{2}}{2}F_P$
DE	$3\sqrt{2}$	1	$\frac{\sqrt{2}F_P}{2}$	$\frac{F_P}{2}$
DF	3	$-\frac{\sqrt{2}}{2}$	$-\frac{F_P}{2}$	$-\frac{\sqrt{2}F_P}{4}$

杆件	杆长 l	$\overline{F}_{N1}$	F_{NP}	F_N
EF	3	$-\dfrac{\sqrt{2}}{2}$	0	$\dfrac{2-\sqrt{2}}{4}F_P$
EG	3	0	$\dfrac{F_P}{2}$	$\dfrac{F_P}{2}$
EH	$3\sqrt{2}$	0	$\dfrac{\sqrt{2}F_P}{2}$	$\dfrac{\sqrt{2}F_P}{2}$
FH	3	0	$-\dfrac{F_P}{2}$	$-\dfrac{F_P}{2}$
HG	3	0	0	0
HB	$3\sqrt{2}$	0	$-\dfrac{\sqrt{2}F_P}{2}$	$-\dfrac{\sqrt{2}F_P}{2}$
GB	3	0	$\dfrac{F_P}{2}$	$\dfrac{F_P}{2}$

【例 5.5】 如图 5.17(a)所示为一等截面两端固定的单跨梁,当固定端 A 由于某种原因,顺时针转动一个角度 φ 时,试用力法计算其杆端内力,并作出弯矩图和剪力图。

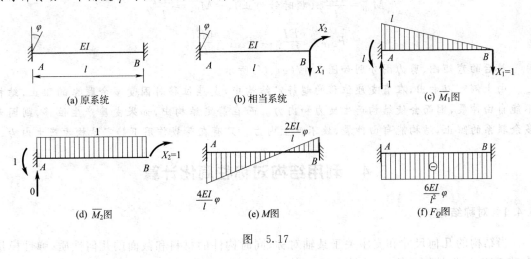

图 5.17

【解】 (1)作出相当系统

此单跨梁为三次超静定,去掉 B 端的约束,并以多余未知力代替,得到的基本结构为一悬臂梁,由于忽略了梁的轴向变形,沿杆件轴向的多余未知力对梁的弯矩、剪力没影响,故略去,得到相当系统如图 5.17(b)所示。

(2)建立典型方程

原系统中 B 端没有位移,可知相当系统上与 X_1 相应的竖向位移 Δ_1 和与 X_2 相应的角位移 Δ_2 应分别等于零,故力法典型方程为

$$\begin{cases} \delta_{11}X_1 + \delta_{12}X_2 + \Delta_{1C} = 0 \\ \delta_{21}X_1 + \delta_{22}X_2 + \Delta_{2C} = 0 \end{cases}$$

式中 Δ_{1C} 和 Δ_{2C} 分别表示基本结构在支座 A 转动 φ 后,B 截面沿 X_1、X_2 方向的位移。

(3)求系数和自由项

作出单位弯矩图 $\overline{M}_1$、$\overline{M}_2$ 及相应支座反力,如图 5.17(c)、(d)所示。

$$\delta_{11}=\frac{l^3}{3EI}, \quad \delta_{12}=\delta_{21}=\frac{l^2}{2EI}, \quad \delta_{22}=\frac{l}{EI}$$

$$\Delta_{1C}=-\sum \overline{R}C=-(-l\times\varphi)=l\varphi$$

$$\Delta_{2C}=-\sum \overline{R}C=-(-1\times\varphi)=\varphi$$

(4)解力法典型方程

将所求系数和自由项代入到力法典型方程,经整理后,得

$$\begin{cases} \dfrac{l^2}{3EI}X_1+\dfrac{l}{2EI}X_2+\varphi=0 \\[3mm] \dfrac{l^2}{2EI}X_1+\dfrac{l}{EI}X_2+\varphi=0 \end{cases}$$

解得

$$X_1=-\frac{6EI}{l^2}\varphi, \quad X_2=\frac{2EI}{l}\varphi$$

(5)求内力

由静力平衡条件得

$$M_{AB}=\frac{4EI}{l}\varphi(顺时针为正), \quad M_{BA}=\frac{2EI}{l}\varphi$$

$$F_{QAB}=\frac{6EI}{l^2}\varphi, \quad F_{QBA}=\frac{6EI}{l^2}\varphi$$

最后的弯矩图、剪力图分别如图 5.17(e)、(f)所示。

由上例可以看出,在有支座位移的超静定结构中,支座位移时因受多余联系的阻止,结构不能自由伸展,因而会使结构产生反力和内力。而在静定结构中,如果支座产生位移,则因无多余联系的阻止,结构能自由伸展,故不产生内力。只有在荷载作用下静定结构才产生内力。

5.4　利用结构对称性简化计算

5.4.1　对称结构

当结构的几何尺寸和支座关于某轴对称,同时构件的材料和截面的几何性质(弹性模量 E、截面积 A、惯性矩 I 等)对该轴也是对称时,该结构为对称结构。图 5.18(a)、(b)、(c)就是对称结构。

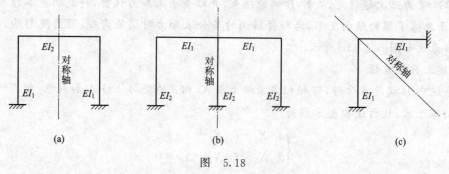

图　5.18

5.4.2　对称结构的受力变形特征

(1)对称结构上的外荷载

　　正对称荷载:外荷载沿着对称轴对折后,两两重合,具有相同的大小并且方向相同,称为正对称荷载,如图 5.19(a)所示。

　　反对称荷载:外荷载沿着对称轴对折后,两两重合,具有相同的大小但是方向相反,称为反对称荷载,如图 5.19(b)所示。

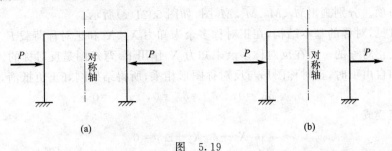

图　5.19

　　作用在对称结构上的任意不对称荷载,总可以把它分解为一组正对称荷载和一组反对称荷载,如图 5.20 所示。

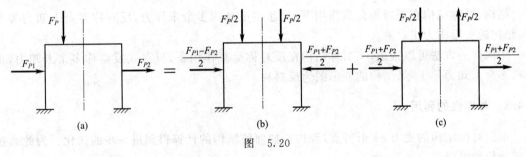

图　5.20

　　(2)对称结构的受力、变形特征

　　如图 5.21(a)所示对称结构,在选基本结构时,沿对称轴切开,切口处存在着三对多余未知力 X_1、X_2、X_3,如图 5.21(b)所示。

　　当沿对称轴将两部分对折后,X_1、X_2,能完全重合,且指向相同,我们称 X_1、X_2 为**正对称多余未知力**;而 X_3 在对折后,虽然作用线重合,但指向却相反,我们称 X_3 为**反对称多余未知力**。

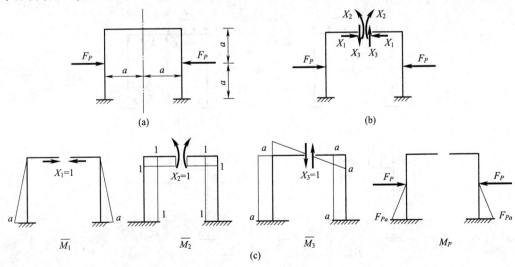

图　5.21

写出典型方程

$$\delta_{11}X_1+\delta_{12}X_2+\delta_{13}X_3+\Delta_{1P}=0$$
$$\delta_{21}X_1+\delta_{22}X_2+\delta_{23}X_3+\Delta_{2P}=0$$
$$\delta_{31}X_1+\delta_{32}X_2+\delta_{33}X_3+\Delta_{3P}=0$$

求系数和自由项。分别画出 $\overline{M}_1$、$\overline{M}_2$、$\overline{M}_3$、M_P 图，如图 5.21(c)所示。

从图中可见，对称的基本结构，在正对称多余未知力 X_1、X_2 和正对称荷载 F_P 作用下，相对应的弯矩图是正对称的。而在反对称多余未知力 X_3 作用下，弯矩图是反对称的。显然用图乘法计算系数和自由项时，正对称图形与反对称图形相乘，所得结果刚好正负抵消，故

$$\delta_{13}=\delta_{31}=0,\quad \delta_{23}=\delta_{32}=0,\quad \Delta_{3P}=0$$

于是典型方程变成

$$\delta_{11}X_1+\delta_{12}X_2+\Delta_{1P}=0$$
$$\delta_{21}X_1+\delta_{22}X_2+\Delta_{2P}=0$$
$$\delta_{33}X_3=0$$

由于 δ_{33} 不等于零，故只能 $X_3=0$

结论：对称结构在正对称荷载作用下，只存在正对称多余未知力，反对称多余未知力等于零，结构的变形图为正对称。

用同样的方法可以推出，当对称结构在反对称荷载作用下，只存在反对称多余未知力，正对称多余未知力等于零，结构的变形图为反对称。

5.4.3 对称性的利用

根据对称结构的受力、变形特点，现讨论如何使结构的计算得到进一步的简化。为此通过实例分析加以说明。

1. 奇数跨对称结构

图 5.22(a)所示为单跨对称刚架，在正对称荷载 q 的作用下，在对称轴上的 C 截面只有正对称的内力 M_C，F_{NC}，反对称内力 $F_{QC}=0$，只有正对称的变形——竖向位移，不会发生转动和水平位移，故取一半结构计算时，在 C 处可以用滑动支座（定向支座）来代替原有约束，得到如图 5.22(c)的计算简图。

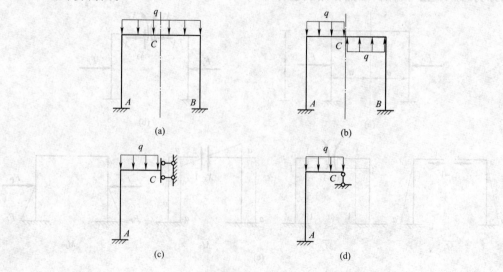

图 5.22

图 5.22(b)所示为单跨对称刚架,在反对称荷载的作用下,在对称轴上的 C 截面只有反对称内力 F_{QC},正对称的内力 $M_C=0$,$F_{NC}=0$,只有反对称的变形——转动和水平位移,不会发生竖向位移,故取一半结构计算时,在 C 处可以用一根竖向链杆支座来代替原有约束,得到如图 5.22(d)的计算简图。

2. 偶数跨对称结构

图 5.23(a)所示为双跨对称刚架,在正对称荷载的作用下,在对称轴上的 C 截面只有正对称的内力和正对称的变形,不会发生转动和水平位移。而 CD 柱只有轴力,没有弯矩和剪力。由于在刚架计算中,一般不考虑杆件轴向变形的影响,所以对称轴上的 C 点,将无任何位移发生。因此取一半结构时,可将 C 处用固定端支座代替原来的约束,得到如图 5.23(c)所示的计算简图。

对于反对称荷载作用下的偶数跨结构,如图 5.23(b)所示,取一半结构时,可设想刚架中柱是由两根各具 $I/2$ 的竖柱所组成,计算时所取半结构如图 5.23(d)所示。分析过程略去。

综合上述分析,对称结构取一半计算,可减少超静定次数,简化计算。

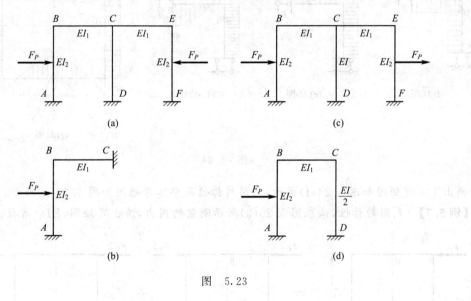

图 5.23

【例 5.6】 利用对称结构的特点,计算图 5.24(a)所示的闭合刚架的内力,并绘出弯矩图。各杆 $EI=$ 常数。

【解】 本例题所示刚架有二根对称轴,利用对称性可取四分之一来计算,如图 5.24(b)所示,是一次超静定结构。其相当系统如图 5.24(c)所示。

力法典型方程为

$$\delta_{11}X_1+\Delta_{1P}=0$$

画出 $\overline{M}_1$ 图、M_P 图,如图 5.24(d)、(e)所示,用图乘法计算 δ_{11}、Δ_{1P} 如下:

$$\delta_{11}=\frac{\omega y}{EI}=\frac{1}{EI}(1\times a\times 1)\times 2=\frac{2a}{EI}$$

$$\Delta_{1P}=\frac{\omega y}{EI}=-\frac{1}{EI}\left(\frac{qa^2}{2}\times a\times 1+\frac{1}{3}\times\frac{qa^2}{2}\times a\times 1\right)=-\frac{2qa^3}{3EI}$$

代入力法典型方程解得

$$X_1=\frac{qa^2}{3}$$

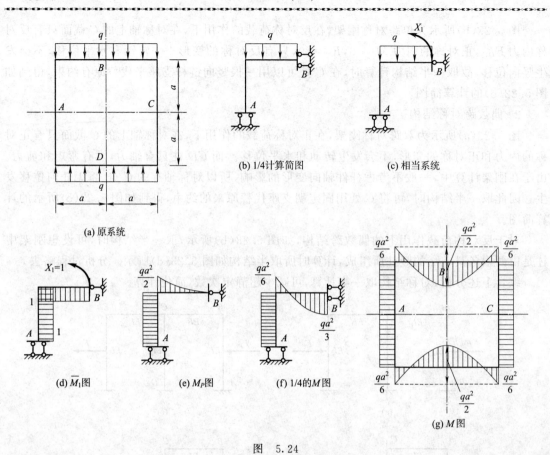

图 5.24

画出 1/4 弯矩图如图 5.24(f)所示,利用对称性画整体弯矩图如图 5.24(g)所示。

【例 5.7】 利用对称性,试求图 5.25(a)所示刚架的内力,绘出弯矩图,EI＝常数。

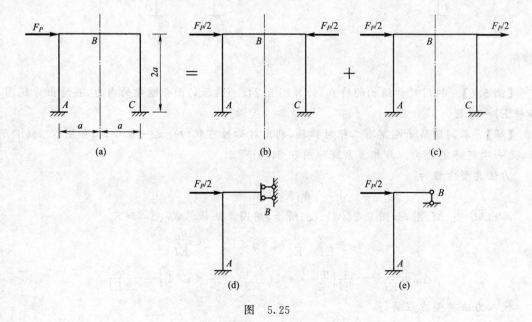

图 5.25

【解】　作用在对称刚架上的荷载 F_P，既不是正对称荷载，也不是反对称荷载。现将荷载分解成两组的叠加，一组为正对称荷载如图 5.25(b)，另一组为反对称荷载如图 5.25(c)，这样就可以取一半计算简图来计算，正对称荷载的计算简图如图 5.25(d)所示，反对称荷载的计算简图如图 5.25(e)所示。

先看图 5.25(d)，是二次超静定结构，因集中力作用在结点，且沿杆件作用，只产生轴力，可略去不用计算，就可以判别出结构的弯矩等于零。

再看图 5.25(e)，取相当系统如图 5.26(a)所示，力法典型方程为

$$\delta_{11} X_1 + \Delta_{1P} = 0$$

画出 $\overline{M}_1$ 图和 M_P 图，如图 5.26(b)、(c)所示，用图乘法计算 δ_{11}、Δ_{1P} 如下：

$$\delta_{11} = \frac{\omega y}{EI} = \frac{1}{EI}\left(a \times 2a \times a + \frac{1}{2} \times a \times a \times \frac{2}{3} \times a\right) = \frac{7a^3}{3EI}$$

$$\Delta_{1P} = \frac{\omega y}{EI} = -\frac{1}{EI}\left(\frac{1}{2} \times F_P a \times 2a \times a\right) = -\frac{F_P a^3}{EI}$$

代入力法方程解得

$$X_1 = \frac{3F_P}{7}$$

画出局部弯矩图如图 5.26(d)所示，整体弯矩图如图 5.26(e)所示。

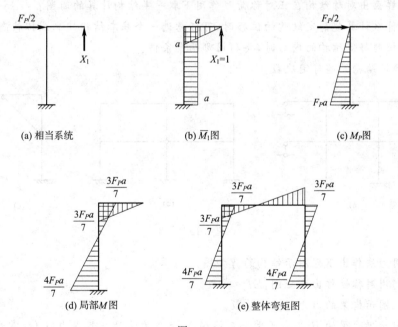

图　5.26

 本章小结

5.1　掌握力法的基本原理，主要了解力法的基本思路，了解力法的基本未知量，力法的基本结构，和力法的方程。在力法中是把多余未知力的计算作为突破口，突破这个关口，超静定问题就转化成了静定问题。

5.2　计算多余未知力的方法是：首先把多余约束去掉，用多余未知力代替其约束，然后利

用位移协调条件,解出多余未知力。

5.3 做题的步骤是:(1)选基本结构,(2)列出力法方程,(3)计算系数和自由项,(4)解方程,(5)作出内力图。

5.4 选取恰当的基本结构,可使计算简化,多做这方面的练习。

5.5 一定要理解力法方程中每一项的物理含义,方程的建立条件。

5.6 理解对称性的相关概念,会利用对称性简化计算。

5.7 计算超静定结构位移时,虚拟单位力可加在任意基本结构上。

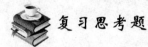 复习思考题

5.1 多余约束是否为多余或不必要的约束?

5.2 什么是多余未知力?

5.3 简述基本结构和相当系统的联系与区别。

5.4 什么是力法的基本未知量?

5.5 建立力法方程的条件是什么?

5.6 力法方程中的系数是力吗?

5.7 怎样画出对称结构在正对称荷载作用下取一半结构计算的简图?

5.8 为什么计算超静定结构的位移时,可任意选一个基本结构建立虚拟状态?

5.9 校核超静定结构的内力时,要利用哪两个条件?

5.10 确定结构的超静定次数。

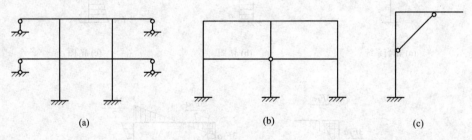

(a)　　　　　　　　(b)　　　　　　　　(c)

题 5.10 图

5.11 用力法作出下列图示结构的弯矩图。

5.12 利用对称性作出弯矩图,$EI=$常数。

5.13 求图示桁架的内力,$EA=$常数。

5.14 图示单跨梁的 B 支座产生竖直位移Δ,试用力法计算其内力,$EI=$常数。

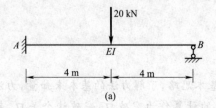

(a)

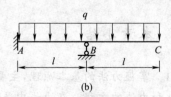

(b)

题 5.11 图

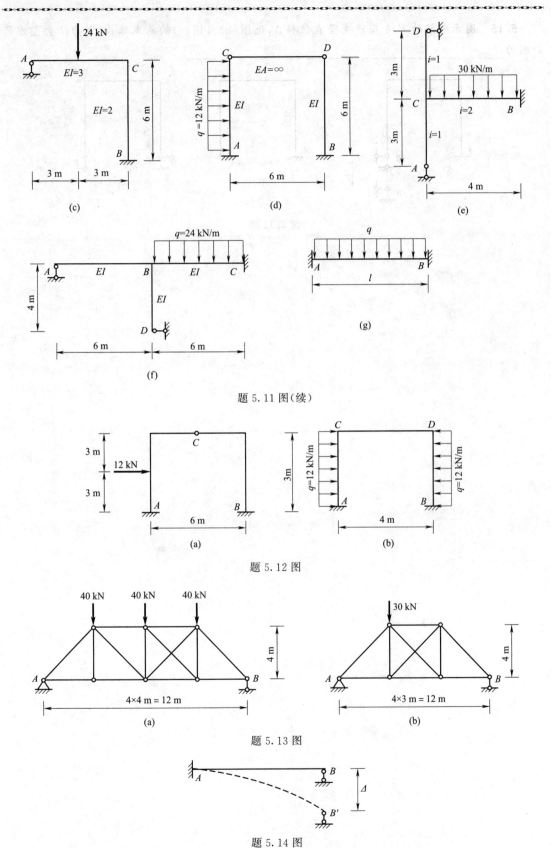

题 5.11 图(续)

题 5.12 图

题 5.13 图

题 5.14 图

5.15 图示刚架的 B 支座产生竖直位移Δ,选图(b)与图(c)的基本结构,则力法典型方程分别为＿＿＿＿＿＿＿＿＿＿＿＿＿＿＿＿＿＿＿＿＿＿＿＿＿＿＿。

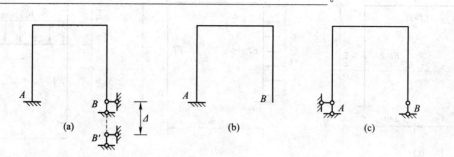

题 5.15 图

6 位移法及力矩分配法

本章描述

    位移法是计算超静定结构的第二种基本方法。本章讲述位移法的解题思路;位移法计算超静定结构的具体解题方法。同时以位移法为基础,拓展出对无侧移结构计算的更简便方法——力矩分配法。

教学目标

    1. 知识目标

    掌握位移法的基本概念。会计算超静定梁和超静定刚架的内力。掌握力矩分配法的基本概念、计算原理和计算方法。

    2. 能力目标

    能确定位移法的基本结构。会利用杆端内力表,做出基本结构上的单位弯矩图和荷载弯矩图,求出位移法典型方程中的系数,最终画出超静定结构的内力图。会计算转动刚度分配系数和传递系数。能利用力矩分配法计算无侧移结构的杆端弯矩,画出弯矩图。

    3. 素质目标

    培养由整体到局部,再由局部到整体的思考方式。学会从繁杂的事情中去粗取精,化繁为简,学会总结归纳。

相关案例——福建宁德市天池特大桥

    图 6.1 是被誉为国内第一拱的福建宁德市天池特大桥。该桥主桥长 405 m,主跨为 205 m,宽 8.5 m,高 148 m,全桥共有 34 段拱肋,最重拱肋达 125 t,采用多节段拱肋拼装技术,是目前国内同类型跨度最大的钢筋混凝土箱形拱桥。在桥的设计施工时,需进行受力分析,本章介绍与之相关的位移法或力矩分配法的计算原理与方法。

图 6.1

6.1　位移法概念

6.1.1　位移法的基本假定

(1)计算结构位移时,只考虑弯曲变形的影响,忽略轴向变形及剪切变形的影响。

(2)结构中杆的变形与它的几何尺寸相比很小,故假定直杆变形后它的两端点之间距离不变。

(3)刚结点产生转动时,汇交于同一刚结点处的各杆件的杆端都转过相同的角度。

6.1.2　位移法概念

我们以图 6.2(a)所示刚架为例,说明位移法的概念。图示刚架在荷载作用下,变形如图中虚线所示,1—2 杆和 1—3 杆在 1 点刚性连接,根据刚结点的变形连续条件,汇交于结点 1 的两杆杆端发生了相同的转角位移 Z_1(设顺时针为正)。

从各杆的受力和变形看,每一个杆件都可以看成单跨超静定梁,1—2 杆相当于两端固定的单跨梁,在固定端 1 发生了转角 Z_1,如图 6.2(b)所示。1—3 杆相当于一端固定一端铰支的单跨梁,除承受荷载外,在固定端 1 还发生了转角 Z_1,如图 6.2(c)所示。这时我们把刚架分成了两个单跨超静定梁,只要知道了转角 Z_1 的大小,就可由力法计算出两个超静定梁的全部内力。

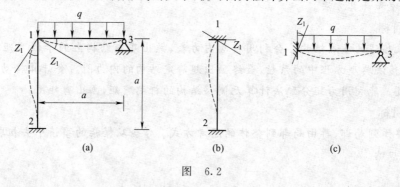

图　6.2

位移法就是将结点的位移 Z_1 作为基本未知数,各种单跨超静定梁的内力则由力法计算完成后,列成表格,计算时直接查用即可,见表 6.1。为适应位移法解题,杆端弯矩符号做重新规定:取杆件来研究时,杆端弯矩以顺时针为正;取支座或结点研究时,杆端弯矩以逆时针为正。剪力符号规定与前面一致。

表 6.1　等截面直杆的杆端弯矩和剪力

编号	梁的简图	杆端弯矩		杆端剪力	
		M_{AB}	M_{BA}	$F_{Q,AB}$	$F_{Q,BA}$
1	$\theta=1$　A —— l —— B	$4i$ ($i=\dfrac{EI}{l}$,下同)	$2i$	$-\dfrac{6i}{l}$	$-\dfrac{6i}{l}$
2	A —— l —— B	$-\dfrac{6i}{l}$	$-\dfrac{6i}{l}$	$-\dfrac{12i}{l^2}$	$-\dfrac{12i}{l^2}$

编号	梁的简图	杆端弯矩		杆端剪力	
		M_{AB}	M_{BA}	$F_{Q,AB}$	$F_{Q,BA}$
3		$-\dfrac{Fab^2}{l^2}$	$\dfrac{Fa^2b}{l^2}$	$\dfrac{Fb^2(l+2a)}{l^3}$	$-\dfrac{Fa^2(l+2b)}{l^3}$
4		$\dfrac{Mb(3a-l)}{l^2}$	$\dfrac{Ma(3b-l)}{l^2}$	$-\dfrac{6Mab}{l^3}$	$-\dfrac{6Mab}{l^3}$
5		$-\dfrac{ql^2}{12}$	$\dfrac{ql^2}{12}$	$\dfrac{ql}{2}$	$-\dfrac{ql}{2}$
6		$-\dfrac{ql^2}{20}$	$\dfrac{ql^2}{30}$	$\dfrac{7ql}{20}$	$-\dfrac{3ql}{20}$
7		$-\dfrac{qa^2}{12l^2}\times$ $(6l^2-8la+3a^2)$	$\dfrac{qa^3}{12l^2}(4l-3a)$	$\dfrac{qa}{2l^3}(2l^3-2la^2+a^3)$	$-\dfrac{qa^3}{2l^3}(2l-a)$
8		$3i$	0	$-\dfrac{3i}{l}$	$-\dfrac{3i}{l}$
9		$-\dfrac{3i}{l}$	0	$\dfrac{3i}{l^2}$	$\dfrac{3i}{l^2}$
10		$-\dfrac{ql^2}{8}$	0	$\dfrac{5ql}{8}$	$-\dfrac{3ql}{8}$
11		$-\dfrac{ql^2}{15}$	0	$\dfrac{4ql}{10}$	$-\dfrac{ql}{10}$
12		$-\dfrac{qa^2}{8l^2}(4l^2-4la+a^2)$	0	$\dfrac{qa}{8l^3}(8l^3-4la^2+a^3)$	$-\dfrac{qa^3}{8l^3}(4l-a)$
13		$-\dfrac{Fab(l+b)}{2l^2}$	0	$\dfrac{Fb(3l^2-b^2)}{2l^3}$	$-\dfrac{Fa^2(2l+b)}{2l^3}$
		$-\dfrac{3Fl}{16}$ $(a=b=l/2\ 时)$	0	$\dfrac{11F}{16}$	$-\dfrac{5F}{16}$

编号	梁的简图	杆端弯矩		杆端剪力	
		M_{AB}	M_{BA}	$F_{Q.AB}$	$F_{Q.BA}$
14		$\dfrac{M(l^2-3b^2)}{2l^2}$	0	$-\dfrac{3M(l^2-b^2)}{2l^3}$	$-\dfrac{3M(l^2-b^2)}{2l^3}$
		$\dfrac{M}{2}$ ($a=l$ 时)	0	$-\dfrac{3M}{2l}$	$-\dfrac{3M}{2l}$
15		i	$-i$	0	0
16		$-\dfrac{ql^2}{3}$	$-\dfrac{ql^2}{6}$	ql	0
17		$-\dfrac{ql^2}{8}$	$-\dfrac{ql^2}{24}$	$\dfrac{ql}{2}$	0
18		$-\dfrac{qa^2(3l-a)}{6l}$	$-\dfrac{qa^3}{6l}$	qa	0
19		$-\dfrac{Fa(l+b)}{2l}$	$-\dfrac{Fa^2}{2l}$		
		$-\dfrac{3Fl}{8}$ ($a=b=\dfrac{l}{2}$时)	$-\dfrac{Fl}{8}$	F	0
		$-\dfrac{Fl}{2}$ ($a=l$ 时)	$-\dfrac{Fl}{2}$	F	F
20		$-\dfrac{Mb}{l}$	$-\dfrac{Ma}{l}$	0	0

如何将一个结构看成是由若干个单跨梁组成的体系,采取的办法是:在结点上增加约束,以限制结点的位移,使各个单跨梁互不影响,这样各个单跨梁就可以单独拿出来,利用表 6.1 查出相应的内力。对图 6.2(a)所示的刚架,若在 1 点加一个只限制转动的附加约束(如图中的记号◣,称为**刚臂**),原图就变成相当于由两个单跨梁组成的体系,如图 6.3(a)所示,我们称之为**位移法的基本体系**,增加附加约束后的结构本身称为**位移法的基本结构**。

基本结构比原结构多了一个附加刚臂,和实际不相符,这时让 1 点的附加刚臂转过与实际变形相同的角度 Z_1,使基本结构的变形和受力与原结构取得一致,这样就和实际相符了。

我们把以上分析理解为两个过程:第一,增加约束锁定结点,即做基本结构,将结构分解为若干互不影响的单跨超静定梁;第二,放松结点,即为使基本结构符合实际,要让附加刚臂转过与实际变形相同的角度。原结构的受力和变形就是这两个过程的叠加。

先解决第一个过程。增加约束,即附加刚臂,将原结构分解为两个互不影响的单跨超静定梁,1—2 段为两端固定,其上没有荷载,1—3 段为一端固定一端铰支,其上有均布荷载的作用。查表 6.1 中编号 10,可做出基本结构在荷载单独作用下的弯矩图,如图 6.3(b)所示,此时结点 1 由于有刚臂而不能转动,附加刚臂上有反力 R_{1P}。R_{1P} 的大小由结点 1 的平衡可求出,如图 6.3(d)所示。由 $\sum M_1 = 0$,得 $R_{1P} = -\dfrac{qa^2}{8}$。($R$ 的两个下标的含义是:第一个是该反力所属的附加约束,第二个是引起该反力的原因。)

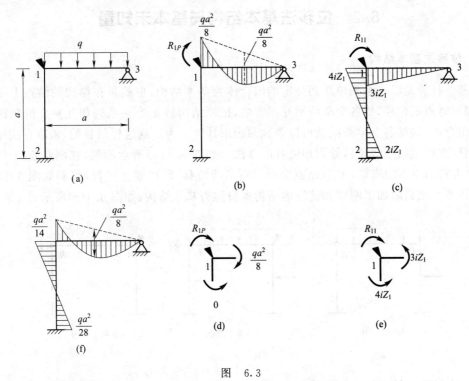

图　6.3

再解决第二个过程。放松结点,让附加刚臂转与实际变形相同的角度,即 1—2 段和 1—3 段均在结点 1 处产生转动,查表 6.1 中编号 1 和 8,可做出基本结构在刚臂单独转动了 Z_1 角度后的弯矩图,如图 6.3(c)所示,附加刚臂上的反力为 R_{11}。R_{11} 的大小由结点 1 的平衡可求出,如图 6.3(e)所示。由 $\sum M_1 = 0$,得 $R_{11} = 7iZ_1$。

我们把第一个过程和第二个过程叠加,即把图 6.3(b)、(c)叠加后,就得到实际的内力图,因实际结构上不存在刚臂,故叠加后刚臂上的反力为零,也就是:

$$R_{11} + R_{1P} = 0$$

此式称为位移法方程,把 R_{11}、R_{1P} 的数值代入,得

$$7iZ_1 - \frac{qa^2}{8} = 0$$

解得

$$Z_1 = \frac{qa^2}{56i}$$

把 Z_1 的数值代入相应的式中,把图 6.3(c)与图 6.3(b)叠加,即得原结构的弯矩图如图 6.3(f)所示。

通过以上分析,将位移法要点归纳为:

(1)在原结构的结点上附加约束,使结构成为若干单跨超静定梁的组合体,即基本结构。

(2)以结点位移为基本未知量。

（3）查表求出基本结构分别在荷载作用和附加约束位移时的内力。

（4）由基本结构在附加约束处的受力与原结构一致的平衡条件建立位移法方程，解方程求出结点位移。

（5）利用叠加原理求出原结构内力。

下面我们逐一解决这些问题。

6.2　位移法基本结构与基本未知量

6.2.1　位移法基本结构

位移法计算是以一系列单跨超静定的组合体为基本结构，也就是在结构的结点上增加约束，以限制结点的位移，使各个单跨梁互不影响，把原结构转化为一系列相互独立的单跨超静定梁的组合体，这样各个单跨梁就可以单独拿出来计算。为达到这样的目的，采取在刚结点处附加刚臂，在产生结点线位移处附加链杆的办法。如图 6.4（a）所示刚架，在刚结点 A 处附加刚臂，B 为铰结点不加刚臂，A、B 结点会有左右的线位移，所以要加链杆，得到如图 6.4（b）所示基本体系。把只附加了刚臂和链杆的结构本身称为基本结构，如图 6.4（c）所示。

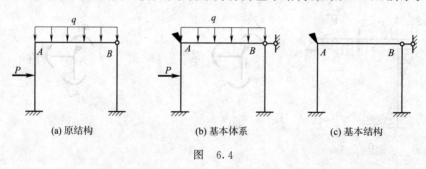

(a) 原结构　　　　　　　(b) 基本体系　　　　　　　(c) 基本结构

图　6.4

当一个结构的结点线位移只凭直观的方法判断不出时，可用"铰化结点，增加链杆"的方法判断。即将结构的全部刚结点以及固定端支座均换成铰结，称为**铰结图**。然后在结点增加最少的链杆，使铰结图成为几何不变体系，所增加的链杆数目就是结点线位移的数目。如果铰结图是几何不变体系，则原结构没有结点线位移。现以图 6.5（a）为例，判断结点是否有线位移，我们将 A、B 的固定端和 C、D、E 的刚结点全部换成铰结，显然铰结图是几何可变体系，在 D、E 处各加一根链杆后成为几何不变体系，如图 6.5（b）所示，据此可判断 D、E 处各有一个线位移，基本结构如图 6.5（c）所示

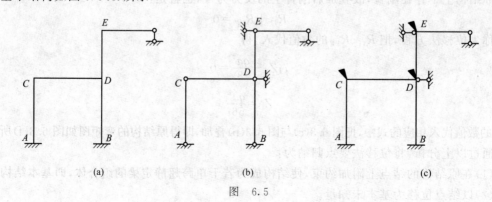

(a)　　　　　　　　　　　(b)　　　　　　　　　　　(c)

图　6.5

6.2.2 位移法基本未知量

用位移法解题时,基本未知量就是结点的位移,包括角位移和线位移,从基本结构中可以判断出:凡是附加刚臂的地方就有角位移,附加链杆的地方就有线位移。这里把基本未知量统一用 Z_i 表示。如图 6.6(a)的刚架,它的基本体系和基本未知量如图 6.6(b)所示。

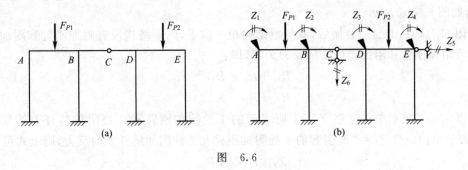

图 6.6

6.3 位移法典型方程

6.3.1 位移法典型方程

在前面,我们以只有一个基本未知量的结构介绍了位移法的基本概念,下面进一步讨论如何用位移法求解多个基本未知量的结构。现在以图 6.7(a)所示刚架为例,说明如何建立求解基本未知数的位移法典型方程。

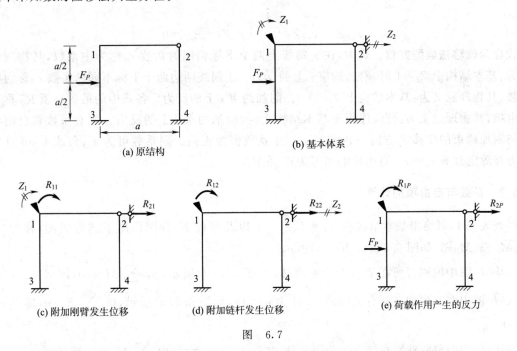

(a) 原结构

(b) 基本体系

(c) 附加刚臂发生位移

(d) 附加链杆发生位移

(e) 荷载作用产生的反力

图 6.7

首先在结点 1、2 处分别附加一个刚臂和一个链杆构成基本体系,如图 6.7(b)所示。为使基本结构和原结构相一致,可令结点 1 处的附加刚臂和结点 2 处的附加链杆发生和原结构相同的位移 Z_1 和 Z_2。

由叠加法,可先令基本结构 1 处的附加刚臂单独发生位移 Z_1,则 1 处附加刚臂和 2 处附加链杆上的反力分别为 R_{11} 和 R_{21},如图 6.7(c)所示。

再令基本结构 2 处的附加链杆单独发生位移 Z_2,则 1 处附加刚臂和 2 处附加链杆上的反力分别为 R_{12} 和 R_{22},如图 6.7(d)所示。

又令基本结构在荷载 P 单独作用下,1 处附加刚臂和 2 处附加链杆上的反力分别为 R_{1P} 和 R_{2P},如图 6.7(e)所示。

把图 6.7(c)、(d)、(e)叠加后,就与原结构相一致了,因原结构没有附加刚臂和附加链杆,故叠加后附加刚臂和附加链杆上的反力为零,即:

$$R_{11}+R_{12}+R_{1P}=0$$
$$R_{21}+R_{22}+R_{2P}=0$$

再以 r_{11}、r_{21} 表示单位位移 $Z_1=1$ 所引起的 1 处附加刚臂和 2 处附加链杆上的反力,以 r_{12}、r_{22} 表示单位位移 $Z_2=1$ 所引起的 1 处附加刚臂和 2 处附加链杆上的反力,则上式可写为

$$r_{11}Z_1+r_{12}Z_2+R_{1P}=0$$
$$r_{21}Z_1+r_{22}Z_2+R_{2P}=0 \tag{6.1}$$

这就是求解 Z_1、Z_2 的方程,它的物理意义是:基本结构在荷载和各结点位移的共同作用下,每一个附加约束的反力都应等于零。

对于具有 n 个基本未知量的结构,需要在基本结构中加入 n 个附加约束,根据每个附加约束的反力均应为零的条件,可建立 n 个方程如下:

$$r_{11}Z_1+r_{12}Z_2+\cdots+r_{1n}Z_n+R_{1P}=0$$
$$r_{21}Z_1+r_{22}Z_2+\cdots+r_{2n}Z_n+R_{2P}=0$$
$$\vdots \tag{6.2}$$
$$r_{n1}Z_1+r_{n2}Z_2+\cdots+r_{nn}Z_n+R_{nP}=0$$

上式称为**位移法典型方程**。式中,在主斜线上两个下标相同的系数 r_{ii} 称为主系数,其物理意义为:基本结构上 $Z_i=1$ 时,附加约束 i 上的反力。主斜线两边两个下标不同的系数 r_{ij} 称为副系数,其物理意义为:基本结构上 $Z_j=1$ 时,附加约束 i 上的反力。各式中的最后一项 R_{iP} 称为自由项,其物理意义为:荷载作用于基本结构上时,附加约束 i 上的反力。所有系数和自由项以与附加约束的位移 Z_i 方向一致的为正。主系数恒为正值。副系数可为正、负或零,并且由反力互等定理有 $r_{ij}=r_{ji}$。自由项的值可为正、负或零。

6.3.2 系数与自由项的计算

查表 6.1,可绘出基本结构在 $Z_1=1$、$Z_2=1$ 以及荷载 F_P 分别作用下的弯矩图,称为 $\overline{M}_1$ 图、$\overline{M}_2$ 图、M_P图,如图 6.8(a)、(b)、(c)所示。

从 $\overline{M}_1$ 图中取刚臂所在结点 1 为隔离体,如图 6.8(d)所示,由 $\sum M_1=0$,即得 $r_{11}=7i$。再从 $\overline{M}_1$ 图中取与附加链杆有关联的 12 杆为隔离体,如图 6.8(g)所示,由 $\sum X=0$,即得 $r_{21}=-6i/a$。

从 $\overline{M}_2$ 图中取刚臂所在结点 1 为隔离体,如图 6.8(e)所示,由 $\sum M_1=0$,即得 $r_{12}=-6i/a$,再从 $\overline{M}_2$ 图中取与附加链杆有关联的 12 杆为隔离体,如图 6.8(h)所示,由 $\sum X=0$,即得 $r_{22}=15i/a^2$。

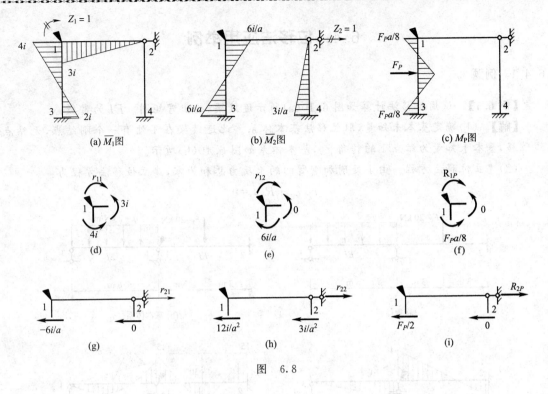

图 6.8

从 M_P 图中取刚臂所在结点 1 为隔离体,如图 6.8(f)所示,由 $\sum M_1 = 0$,即得 $R_{1P} = F_P a / 8$,再从 M_P 图中取与附加链杆有关联的 12 杆为隔离体,如图 6.8(i)所示,由 $\sum X = 0$,即得 $R_{2P} = -F_P/2$。

将上面算得的系数和自由项代入位移法典型方程,得

$$7iZ_1 - \frac{6i}{a}Z_2 + \frac{F_P a}{8} = 0$$

$$-\frac{6i}{a}Z_1 + \frac{15i}{a^2}Z_2 - \frac{F_P}{2} = 0$$

解得 $\qquad Z_1 = \dfrac{9F_P a}{552i}, \qquad Z_2 = \dfrac{22F_P a^2}{552i}$

最后弯矩图用叠加法绘出,$M = \overline{M}_1 Z_1 + \overline{M}_2 Z_2 + M_P$,弯矩图如图 6.9 所示。

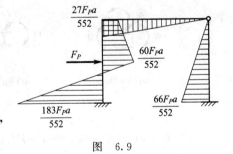

图 6.9

6.3.3 位移法计算步骤

(1)确定基本未知量,取位移法基本体系。

(2)列位移法典型方程。

(3)在基本结构上分别作各附加约束发生单位位移时的 $\overline{M}_i$ 图与荷载作用下的 M_P 图,从 $\overline{M}_i$、M_P 图中取隔离体,利用平衡条件求系数和自由项。

(4)解典型方程,求出基本未知量。

(5)由 $M = \sum M_i + M_P$ 叠加绘出最后弯矩图,进而绘出剪力图和轴力图。

(6)校核。

6.4 位移法应用举例

6.4.1 例题

【例 6.1】 试用位移法计算如图 6.10(a)所示连续梁,绘出弯矩图。EI 为常数。

【解】 (1)确定基本未知量,取位移法基本体系。此连续梁在 1 处有一个刚结点,无结点线位移,基本未知量为结点 1 的转角 Z_1,基本体系如图 6.10(b)所示。

(2)建立位移法方程。由 1 处附加刚臂的约束反力总和为零,建立位移法方程为:

$$r_{11}Z_1 + R_{1P} = 0$$

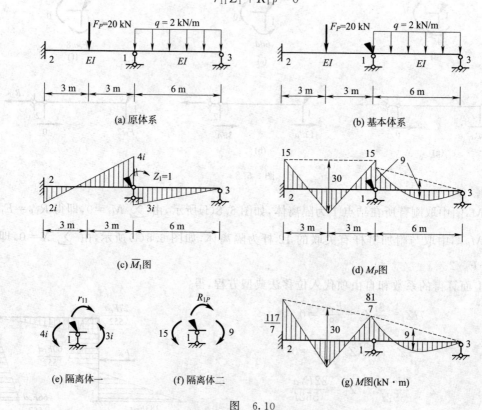

图 6.10

(3)求系数和自由项。令 $i = EI/6$,绘出 $Z_1 = 1$ 和荷载单独作用于基本结构上时的 $\overline{M}_1$ 图和 M_P 图,如图 6.10(c)、(d)所示,并从 $\overline{M}_1$ 图和 M_P 图中分别取结点 1 为隔离体,如图 6.10(e)、(f)所示。利用结点的平衡条件 $\sum M_1 = 0$ 可计算出系数和自由项如下:

$$r_{11} = 7i, \quad R_{1P} = 6$$

(4)解方程求基本未知量。将系数和自由项代入位移法方程,得

$$Z_1 = -\frac{6}{7i}$$

(5)绘弯矩图。$M = \overline{M}_1 Z_1 + M_P$ 叠加绘出 M 图,如图 6.10(g)所示。

【例 6.2】 试用位移法计算如图 6.11(a)所示刚架,并绘出 M 图。各杆的 EI 为常数。

【解】 (1)确定基本未知量,取位移法基本体系。此刚架有一个刚结点 1 和一个铰接点 2,结点 1、2 有相同的水平位移,基本未知量为结点 1 的转角 Z_1 和 1、2 共同的水平位移 Z_2。基

本体系如图 6.11(b)所示。

(2)建立位移法方程。由 1 处附加刚臂、2 处附加链杆的约束反力总和为零,建立位移法方程为:

$$r_{11}Z_1 + r_{12}Z_2 + R_{1P} = 0$$
$$r_{21}Z_1 + r_{22}Z_2 + R_{2P} = 0$$

(3)求系数和自由项。令 $i = EI/a$,绘出 $Z_1 = 1$,$Z_2 = 1$ 和荷载单独作用于基本结构上时的 $\overline{M}_1$ 图、$\overline{M}_2$ 图和 M_P 图,并分别取结点 1 和 12 杆为隔离体,如图 6.11(c)、(d)、(e)所示。

利用平衡条件 $\sum M_1 = 0$,$\sum X = 0$ 可计算出系数和自由项如下:

$$r_{11} = 7i, \quad r_{12} = r_{21} = -\frac{6i}{a}, \quad r_{22} = \frac{18i}{a^2}$$

$$R_{1P} = \frac{F_P a}{8}, \quad R_{2P} = -\frac{F_P}{2}$$

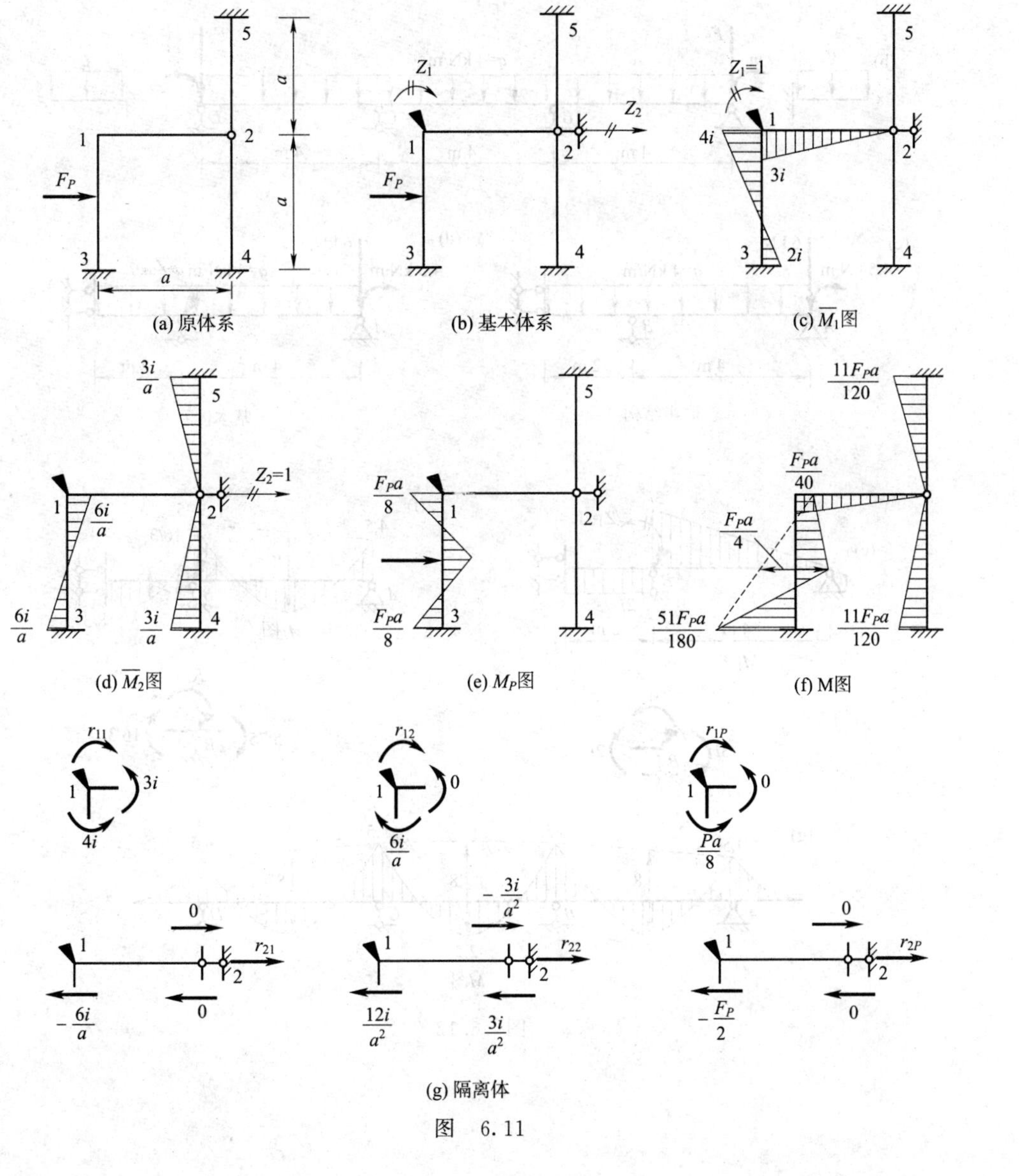

(a) 原体系 (b) 基本体系 (c) $\overline{M}_1$图

(d) $\overline{M}_2$图 (e) M_P图 (f) M图

(g) 隔离体

图 6.11

(4)解方程求解基本未知量。将系数和自由项代入位移法方程,得

$$7iZ_1 - \frac{6i}{a}Z_2 + \frac{F_P a}{8} = 0$$

$$-\frac{6i}{a}Z_1 + \frac{18i}{a^2}Z_2 - \frac{F_P}{2} = 0$$

解方程得:　　　　　$Z_1 = \frac{F_P a}{120i}, \quad Z_2 = \frac{11F_P a^2}{360i}$

(5)绘弯矩图。$M = \overline{M}_1 Z_1 + \overline{M}_2 Z_2 + M_P$,叠加绘出 M 图,如图 6.11(f)所示。

【例 6.3】　试绘图 6.12(a)所示连续梁的内力图。$EI =$ 常数。

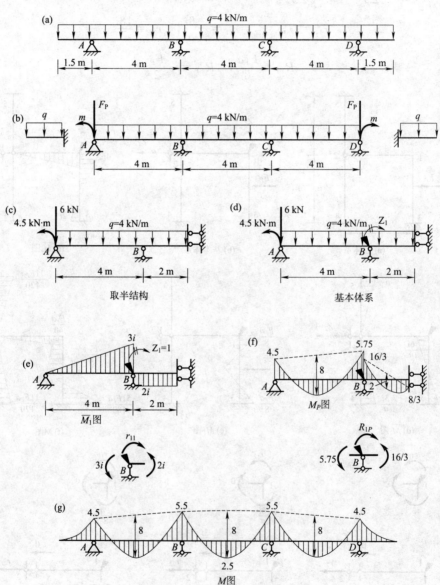

图　6.12

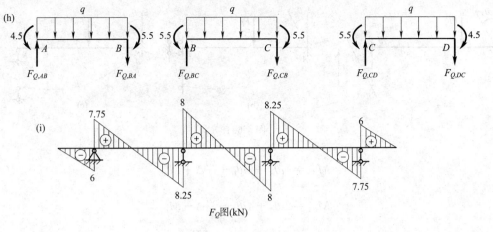

图 6.12(续)

【解】 (1)图 6.12(a)两边伸出部分是静定梁,中间为超静定梁,可将梁分成三部分,如图 6.12(b)所示,A、D 截面受到的力 $m=4.5$ kN·m,$F_P=6$ kN。再看中间部分,虽然 A、D 支座不同,但 A 支座水平约束反力为零,故和 D 支座受力形式一样,所以中间部分 AD 为对称结构,根据对称特点可取一半结构计算,如图 6.12(c)所示。用位移法计算时基本未知量只有一个 Z_1,基本体系如图 6.12(d)所示。

(2)列出位移法方程:

$$r_{11}Z_1+R_{1P}=0$$

(3)求系数、自由项。令 $i=EI/4$,分别作出 $Z_1=1$ 和荷载作用在基本结构上时的 $\overline{M}_1$ 图、M_P 图,并分别取出结点 B,如图 6.12(e)、(f)所示。(注意:M_P 图中 AB 杆的内力由其杆件上所受三个力共同作用叠加而成)利用平衡条件 $\sum M_1=0$ 可计算出系数和自由项如下:

$$r_{11}=5i,\quad R_{1P}=0.417$$

(4)解方程求基本未知量。将系数和自由项代入位移法方程,得

$$Z_1=-\frac{0.417}{5i}$$

(5)绘弯矩图。$M=\overline{M}_1Z_1+M_P$,叠加绘出 M 图。利用对称性可画出另一半,则整体弯矩图如图 6.12(g)所示。

(6)绘剪力图。依据连续梁的荷载及弯矩图,可画出 AB、BC、CD 各杆的受力图,如图 6.12(h)所示,据此可利用平衡条件求出杆端剪力从而绘出剪力图,整体剪力图如图 6.12(i)所示。

6.4.2 直接利用平衡条件建立位移法方程

首先对每个杆件进行受力变形分析,找出杆端内力与杆端位移及荷载之间的关系式,此关系式称为**转角位移方程**。现以位移法中遇到的三种形式的杆件为例,如图 6.13(a)、(b)、(c)所示。图中虚线为杆件变形示意,θ_A 为 A 端产生的转角,θ_B 为 B 端产生的转角,Δ 为 A、B 两端产生的相对线位移。我们将荷载单独作用产生的杆端内力称为固端内力,固端弯矩用 M_{AB}^F 和 M_{BA}^F 表示,固端剪力用 $F_{Q,AB}^F$ 和 $F_{Q,BA}^F$ 表示。现介绍这三种杆件的转角位移方程。

(1)对图 6.13(a)所示两端固定的单跨梁,查表 6.1,再根据叠加原理,转角位移方程为

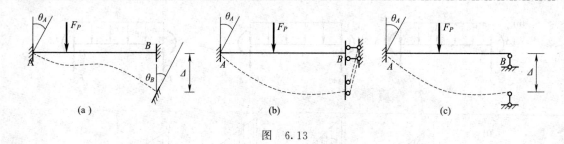

图　6.13

$$M_{AB} = 4i\theta_A + 2i\theta_B - \frac{6i}{l}\Delta + M_{AB}^F \tag{6.3a}$$

$$M_{BA} = 2i\theta_A + 4i\theta_B - \frac{6i}{l}\Delta + M_{BA}^F \tag{6.3b}$$

$$F_{Q,AB} = -\frac{6i}{l}\theta_A - \frac{6i}{l}\theta_B + \frac{12i}{l^2}\Delta + F_{Q,AB}^F \tag{6.3c}$$

$$F_{Q,BA} = -\frac{6i}{l}\theta_A - \frac{6i}{l}\theta_B + \frac{12i}{l^2}\Delta + F_{Q,BA}^F \tag{6.3d}$$

固端内力根据荷载的不同可由表 6.1 查出。

（2）对图 6.13（b）所示一端固定、一端定向支撑的单跨梁，同理可得

$$M_{AB} = i\theta_A + M_{AB}^F \tag{6.4a}$$

$$M_{BA} = -i\theta_A + M_{BA}^F \tag{6.4b}$$

$$F_{Q,AB} = F_{Q,AB}^F \tag{6.4c}$$

（3）对图 6.13（c）所示一端固定、一端铰支的单跨梁，同样可得

$$M_{AB} = 3i\theta_A - \frac{3i}{l}\Delta + M_{AB}^F \tag{6.5a}$$

$$M_{BA} = 0 \tag{6.5b}$$

$$F_{Q,AB} = -\frac{3i}{l}\theta_A + \frac{3i}{l^2}\Delta + F_{Q,AB}^F \tag{6.5c}$$

$$F_{Q,BA} = -\frac{3i}{l}\theta_A + \frac{3i}{l^2}\Delta + F_{Q,BA}^F \tag{6.5d}$$

上面我们写出了两端为不同约束的单跨梁的转角位移方程。下面以例 6.2 中的刚架为例，说明如何直接利用平衡方程建立位移法方程。

如图 6.14（a）所示，该刚架在结点 1 有一个角位移 Z_1，结点 1、2 有一个共同线位移 Z_2，共两个基本未知量。

令 $i = \dfrac{EI}{a}$，利用式（6.3）和式（6.5）写出各杆端内力与基本未知量的关系为

$$M_{3I} = 2iZ_1 - \frac{F_P a}{8} - \frac{6i}{a}Z_2, \quad M_{13} = 4iZ_1 + \frac{F_P a}{8} - \frac{6i}{a}Z_2$$

$$M_{12} = 3iZ_1, \quad M_{42} = -\frac{3i}{a}Z_2, \quad M_{52} = \frac{3i}{a}Z_2$$

$$M_{21} = M_{24} = M_{25} = 0$$

$$F_{Q,13} = -\frac{6i}{a}Z_1 + \frac{12i}{a^2}Z_2 - \frac{F_P}{2}$$

$$F_{Q,24} = \frac{3i}{a^2}Z_2, \quad F_{Q,25} = -\frac{3i}{a^2}Z_2$$

取结点 1 与 1—2 杆,如图 6.14(b)、(c)所示,建立两个方程:

$$\sum M_1 = 0, \quad M_{13} + M_{12} = 0$$

$$\sum X = 0, \quad -F_{Q,13} - F_{Q,24} + F_{Q,25} = 0$$

将各杆端内力代入上述方程,整理后得

$$7iZ_1 - \frac{6i}{a}Z_2 + \frac{F_P a}{8} = 0$$

$$-\frac{6i}{a}Z_1 + \frac{18i}{a^2}Z_2 - \frac{F_P}{2} = 0$$

上式即为位移法方程,解得

$$Z_1 = \frac{F_P a}{120i}, \quad Z_2 = \frac{11F_P a^2}{360i}$$

代入转角位移方程,得:

$$M_{31} = -\frac{51F_P a}{180}, \quad M_{13} = \frac{F_P a}{40}, \quad M_{12} = -\frac{F_P a}{40}$$

$$M_{21} = M_{24} = M_{25} = 0, \quad M_{52} = \frac{11F_P a}{120}, \quad M_{42} = -\frac{11F_P a}{120}$$

以上数值与图 6.11(f)相一致,故与例 6.2 计算结果相同。

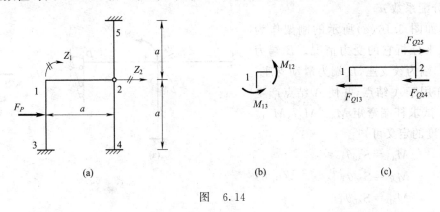

图 6.14

6.5 力矩分配法的基本概念及基本原理

6.5.1 力矩分配法的基本要素

力矩分配法的理论基础是位移法,解题方法采用渐进法,适用于无结点线位移的结构。杆端弯矩的符号规定和位移法相同。下面先解释力矩分配法中使用的几个名词。

(1)转动刚度 S

转动刚度 S 表示杆端对转动的抵抗能力,在数值上等于使杆端发生单位转角时需在杆端施加的力矩。如图 6.15 所示,当 A 端(或称近端)产生单位转角时,在 A 端所需施加的力矩称为该**杆端的转动刚度**,用 S_{AB} 表示,其数值可由表 6.1 查出,如图 6.15 中所注明。

由此可知,转动刚度只与 B 端(或称远端)的支承情况和线刚度 i 有关,即:

远端固定,$S_{AB} = 4i$;

远端铰支,$S_{AB} = 3i$;

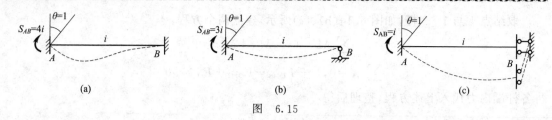

图　6.15

远端滑动，$S_{AB}=i$。

（2）传递系数 C

当各杆的近端产生转角时，不仅近端会产生弯矩，在其另一端（称为远端）也会有弯矩，我们把杆件的远端弯矩与近端弯矩的比值称为**传递系数**，一般用 C_{AB} 表示，下标 AB 表示由 A 向 B 传递。这就好像是近端弯矩按照一定的比例传递到远端一样。在图 6.15 中，各杆当 A 端（称近端）产生单位转角时，各杆近端弯矩、远端弯矩的数值可由表 6.1 查出，分别为：

图（a）：$M_{AB}=4i,M_{BA}=2i$。

图（b）：$M_{AB}=3i,M_{BA}=0$。

图（c）：$M_{AB}=i,M_{BA}=-i$。

传递系数为 $C=\dfrac{M_{BA}}{M_{AB}}$，故：远端固定，$C=\dfrac{1}{2}$，远端铰支 $C=0$，远端滑动：$C=-1$。

（3）分配系数 μ

选择如图 6.16（a）所示的刚架作为典型刚架来分析它的受力情况。B 端为固定端，C 端为铰支座，D 端为滑动支座，力偶 M 作用于 A 结点，并使 A 结点产生转角 θ_A。试求杆端弯矩 M_{AB}、M_{AC}、M_{AD}。由转动刚度的定义可知：

$$M_{AB}=S_{AB}\theta_A$$
$$M_{AC}=S_{AC}\theta_A \qquad (6.6)$$
$$M_{AD}=S_{AD}\theta_A$$

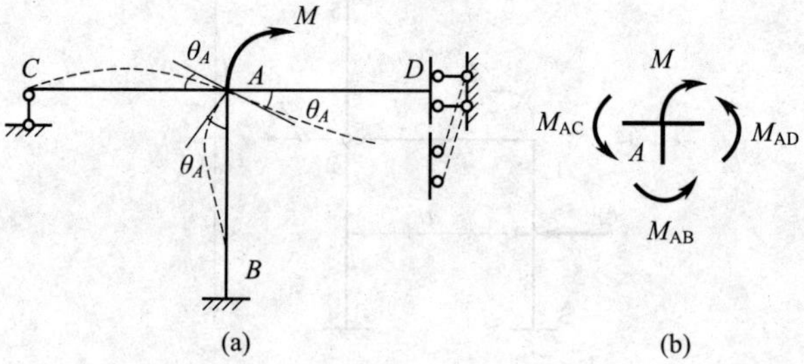

图　6.16

取结点 A 为隔离体，如图 6.16（b）所示。

由 $\sum M_A=0$，得

$$M=S_{AB}\theta_A+S_{AC}\theta_A+S_{AD}\theta_A$$
$$\theta_A=\frac{M}{S_{AB}+S_{AC}+S_{AD}}=\frac{M}{\sum\limits_A S} \qquad (6.7)$$

将式（6.7）代入式（6.6）得各杆 A 端的弯矩为：

$$M_{AB}=\frac{S_{AB}}{\sum\limits_A S}M=\mu_{AB}M$$

$$M_{AC}=\frac{S_{AC}}{\sum\limits_A S}M=\mu_{AC}M \qquad (6.8)$$

$$M_{AD}=\frac{S_{AD}}{\sum\limits_A S}M=\mu_{AD}M$$

式中 $\mu_{AB} = \dfrac{S_{AB}}{\displaystyle\sum_A S}$，$\mu_{AC} = \dfrac{S_{AC}}{\displaystyle\sum_A S}$，$\mu_{AD} = \dfrac{S_{AD}}{\displaystyle\sum_A S}$，称为各杆在 A 端的**分配系数**。

由此可得分配系数的一般公式：

$$\mu_{ij} = \frac{S_{ij}}{\displaystyle\sum_i S} \tag{6.9}$$

则

$$M_{ij} = \mu_{ij} M \tag{6.10}$$

$\sum S$ 为汇交于同一结点各杆的转动刚度之和。汇交于同一结点各杆的分配系数之和应等于 1，如上述结点 A 的分配系数：

$$\sum \mu_A = \mu_{AB} + \mu_{AC} + \mu_{AD} = 1$$

利用此特点可校核分配系数的计算。

6.5.2　力矩分配法的基本原理

力矩分配法只讨论力矩的分配与传递问题，计算对象是无结点线位移的结构，也称无侧移结构。现以图 6.17(a)的连续梁为例，来说明力矩分配法的基本原理。

1. 固定刚结点

在刚结点 B 附加一个刚臂，如图 6.17(b)所示，以阻止结点转动。这时每根杆件都变成了各自独立的单跨超静定梁，只有在荷载作用下引起的变形没有支座移动引起的变形，此时的杆端内力称为**固端内力**。利用表 6.1 可查出各杆的固端弯矩 M_{AB}^F、M_{BA}^F、M_{BC}^F、M_{CB}^F。此时 B 结点刚臂固定不动，刚臂上一定有约束力矩存在，用 M_B 表示(以顺时针为正)，取结点 B，如图 6.17(c)所示，则**约束力矩**(或称**不平衡力矩**)为

$$M_B = M_{BA}^F + M_{BC}^F$$

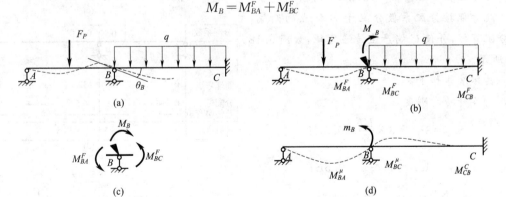

图　6.17

2. 放松刚结点

由于原结构不存在刚臂，也不存在约束力矩 M_B，所以图 6.17(b)所示的结果必须修正，为达目的，在结点 B 的刚臂上施加一个与约束力矩 M_B 大小相等、方向相反的外力偶 $m_B(m_B = -M_B)$，相当于放松结点让刚臂不发挥作用，如图 6.17(d)所示。在 m_B 的作用下 B 端产生新的弯矩 M_{BA}^μ、M_{BC}^μ，称为**分配弯矩**，远端 C 产生新的弯矩 M_{CB}^C，称为**传递弯矩**。

3. 弯矩叠加

把图 6.17(b)、(d)相应的杆端弯矩叠加，即得原结构的杆端弯矩。例如 $M_{BA} = M_{BA}^F + M_{BA}^\mu$，可以写出杆端弯矩的叠加形式为：

近端弯矩＝固端弯矩＋分配弯矩；

远端弯矩＝固端弯矩＋传递弯矩。

6.6　力矩分配法应用举例

6.6.1　力矩分配法计算单结点超静定问题

【例 6.4】　试绘出图 6.18(a)所示连续梁的弯矩图。用此例说明力矩分配法的基本运算过程。

【解】　(1)固定结点 B

即先在结点 B 加一附加刚臂,如图 6.18(b)
所示。此时各杆的固端弯矩可由表 6.1 求得:

$$M_{AB}^F = 0$$

$$M_{BA}^F = \frac{3F_Pl}{16} = \frac{3\times40\times6}{16} = 45(\text{kN}\cdot\text{m})$$

$$M_{BC}^F = -\frac{ql^2}{12} = -\frac{6\times8^2}{12} = -32(\text{kN}\cdot\text{m})$$

$$M_{CB}^F = \frac{ql^2}{12} = \frac{6\times8^2}{12} = 32(\text{kN}\cdot\text{m})$$

可算出 B 点约束力矩为

$$M_B = M_{BA}^F + M_{BC}^F = 45-32 = 13(\text{kN}\cdot\text{m})$$

(2)放松结点 B

相当于在结点 B 新加一个外力偶,其值为:

$$m_B = -M_B = -13(\text{kN}\cdot\text{m})$$

此力偶按分配系数分配于 B 结点的两端,
为分配弯矩,并使 C 端产生传递弯矩,如图 6.18
(c)所示。

具体演算如下:

① 各杆转动刚度

$$S_{BA} = 3i_{BA} = 3\times\frac{EI}{6} = 0.5EI$$

$$S_{BC} = 4i_{BC} = 4\times\frac{EI}{8} = 0.5EI$$

$$\sum S = S_{BA} + S_{BC} = EI$$

② 各杆分配系数

$$\mu_{BA} = \frac{S_{BA}}{\sum S} = \frac{0.5EI}{EI} = 0.5$$

$$\mu_{BC} = \frac{S_{BC}}{\sum S} = \frac{0.5EI}{EI} = 0.5$$

③ 分配弯矩

$$M_{BA}'' = \mu_{BA}(-M_B) = 0.5\times(-13) = -6.5(\text{kN}\cdot\text{m})$$

$$M_{BC}'' = \mu_{BC}(-M_B) = 0.5\times(-13) = -6.5(\text{kN}\cdot\text{m})$$

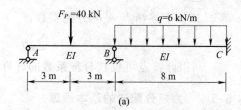

(a)

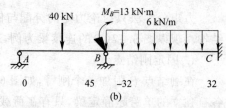

(b)

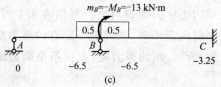

(c)

分配系数		0.5	0.5	
	A		B	C
固端弯矩	0		45　　-32	32
分配弯矩及传递弯矩	0	←	-6.5　　-6.5	→ -3.25
最后弯矩	0		38.5　　-38.5	28.75

(d)

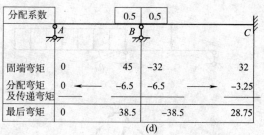

(e)

图　6.18

④传递弯矩

$$M_{CB}^C = C_{CB}M_{BC}^\mu = 0.5 \times (-6.5) = -3.25(\text{kN} \cdot \text{m})$$
$$M_{AB}^C = C_{AB}M_{BA}^\mu = 0 \times (-6.5) = 0$$

（3）弯矩叠加

将图 6.18(b)、(c)叠加即得最后杆端弯矩。

实际演算时，可将以上计算步骤汇集在一起，按图 6.18(d)的格式演算。其中带箭头的线段表示力矩传递的方向。

最后弯矩图如图 6.18(e)所示。

【例6.5】 用力矩分配法作如图 6.19(a)所示刚架的弯矩图。EI=常数。

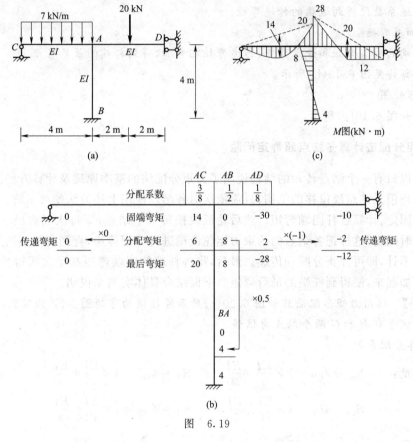

图 6.19

【解】 （1）固定结点 A

①计算固端弯矩

$$M_{CA}^F = 0, \quad M_{AC}^F = \frac{ql^2}{8} = \frac{7 \times 4^2}{8} = 14(\text{kN} \cdot \text{m})$$
$$M_{AB}^F = 0, \quad M_{BA}^F = 0$$
$$M_{AD}^F = -\frac{3F_P l}{8} = -\frac{3 \times 20 \times 4}{8} = -30(\text{kN} \cdot \text{m})$$
$$M_{DA}^F = -\frac{F_P l}{8} = -\frac{20 \times 4}{8} = -10(\text{kN} \cdot \text{m})$$

②结点 A 的约束力矩

$$M_A = M_{AC}^F + M_{AD}^F + M_{AB}^F = -16(\text{kN} \cdot \text{m})$$

(2)放松结点 A

①计算分配系数

转动刚度：
$$S_{AC}=3i, \quad S_{AB}=4i, \quad S_{AD}=i$$

分配系数：
$$\mu_{AC}=\frac{S_{AC}}{\sum S}=\frac{3i}{8i}=\frac{3}{8}, \quad \mu_{AB}=\frac{S_{AB}}{\sum S}=\frac{4i}{8i}=\frac{1}{2}$$

$$\mu_{AD}=\frac{S_{AD}}{\sum S}=\frac{i}{8i}=\frac{1}{8}$$

②分配与传递弯矩

将 A 结点约束力矩 M_A 反号并乘以分配系数,便得到各杆近端的分配弯矩。将各杆分配弯矩乘以传递系数便得到远端的传递弯矩。

(3)叠加求弯矩

将各杆端的固端弯矩和分配弯矩、传递弯矩相叠加,得到杆端的最后弯矩。

以上计算详见图 6.19(b)所示。

(4)作弯矩图

弯矩图如图 6.19(c)所示。

6.6.2　力矩分配法计算多结点超静定问题

上一节以只有一个结点转角的结构说明了力矩分配法的基本原理及计算方法。对于具有多个结点转角但无结点线位移的结构,只需依次对各结点使用上述方法便可求解。做法是:先将所有结点固定,计算各杆固端弯矩。然后轮流放松每一个结点,即每次只放松一个结点,其余结点仍暂时固定,这样把各结点的约束力矩轮流地进行分配传递,直到各结点的约束力矩小到可以忽略不计,即可停止分配和传递。最后,将各杆端的固端弯矩和屡次所得的分配弯矩、传递弯矩总加起来,便得到杆端的最后弯矩。下面结合具体实例来说明。

【例 6.6】　试用力矩分配法作如图 6.20(a)所示连续梁的弯矩图。EI 为常数。

【解】　该梁有 B 和 C 两个结点角位移。

(1)计算分配系数

转动刚度：
$$S_{BA}=3i_{AB}=3\times\frac{EI}{9}=\frac{EI}{3}, \quad S_{BC}=4i_{BC}=4\times\frac{EI}{12}=\frac{EI}{3}$$

$$S_{CB}=4i_{BC}=4\times\frac{EI}{12}=\frac{EI}{3}, \quad S_{CD}=4i_{CD}=4\times\frac{EI}{12}=\frac{EI}{3}$$

分配系数：
$$\mu_{BA}=\frac{S_{BA}}{\sum S}=0.5, \quad \mu_{BC}=\frac{S_{BC}}{\sum S}=0.5$$

$$\mu_{CB}=\frac{S_{CB}}{\sum S}=0.5, \quad \mu_{CD}=\frac{S_{CD}}{\sum S}=0.5$$

将分配系数填入图 6.20(b)所示的相应位置。

(2)计算固端弯矩

固定结点 B、C,由表 6.1 可查得各杆固端弯矩为

$$M_{AB}^F=0, \quad M_{BA}^F=\frac{ql^2}{8}=\frac{20\times9^2}{8}=202.5(\text{kN}\cdot\text{m})$$

$$M_{BC}^F=-\frac{F_P l}{8}=-\frac{100\times12}{8}=-150(\text{kN}\cdot\text{m})$$

$$M_{CB}^F = \frac{F_P l}{8} = \frac{100 \times 12}{8} = 150 (\text{kN} \cdot \text{m})$$

$$M_{CD}^F = -\frac{ql^2}{12} = -\frac{20 \times 12^2}{12} = -240 (\text{kN} \cdot \text{m})$$

$$M_{DC}^F = \frac{ql^2}{12} = \frac{20 \times 12^2}{12} = 240 (\text{kN} \cdot \text{m})$$

将各固端弯矩填入图 6.20(b)所示相应位置。

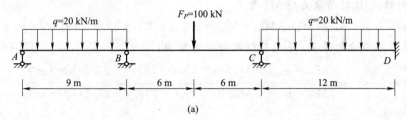

(a)

分配系数		0.5	0.5		0.5	0.5	
固端弯矩	0	202.5	−150	150	−240		240
分配	0	←　−37.5	22.5 −37.5　→	←　45 −18.75	45　→		22.5
与	0	←　−2.34	4.68 −2.34　→	←　9.37 −1.17	9.38　→		4.69
传递		−0.14	0.29 −0.15	0.58	0.59　→		0.29
最后弯矩	0	162.52	−162.52	185.03	−185.03		27.48

(b)

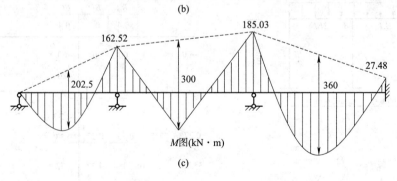

M图(kN · m)

(c)

图　6.20

(3)放松结点 C(结点 B 仍固定)

对于有多个结点的结构,可先任选一个结点放松,但为使计算收敛快些,通常先放松约束力矩大的结点,故先放松 C 点。结点 C 的约束力矩 $M_C = M_{CB}^F + M_{CD}^F = 150 - 240 = -90 (\text{kN} \cdot \text{m})$,将 M_C 反号乘以分配系数进行分配,得相应杆端分配弯矩为:

$$M_{CB}^\mu = \mu_{CB}(-M_C) = 0.5 \times [-(-90)] = 45 (\text{kN} \cdot \text{m})$$

$$M_{CD}^\mu = \mu_{CD}(-M_C) = 0.5 \times [-(-90)] = 45 (\text{kN} \cdot \text{m})$$

把它们填入图 6.20(b)相应位置。同时可求得各杆远端传递弯矩为：

$$M_{BC}^C = C_{BC}M_{CB}^\mu = 0.5 \times 45 = 22.5(\text{kN} \cdot \text{m})$$

$$M_{DC}^C = C_{DC}M_{CD}^\mu = 0.5 \times 45 = 22.5(\text{kN} \cdot \text{m})$$

在图中用箭头把它们分别传递到各远端。这时结点 C 暂时获得平衡，我们在分配弯矩下面画一条横线来表示平衡。

（4）放松结点 B（结点 C 重新固定）

此时结点 B 的约束力矩 M_B 为：

$$M_B = M_{BA}^F + M_{BC}^F + M_{BC}^C = 202.5 - 150 + 22.5 = 75(\text{kN} \cdot \text{m})$$

将 M_B 反号乘以分配系数，得相应杆端分配弯矩为：

$$M_{BA}^\mu = \mu_{BA}(-M_B) = 0.5 \times (-75) = -37.5(\text{kN} \cdot \text{m})$$

$$M_{BC}^\mu = \mu_{BC}(-M_B) = 0.5 \times (-75) = -37.5(\text{kN} \cdot \text{m})$$

传递弯矩为

$$M_{AB}^C = C_{AB}M_{BA}^\mu = 0$$

$$M_{CB}^C = C_{CB}M_{BC}^\mu = 0.5 \times (-37.5) = -18.75(\text{kN} \cdot \text{m})$$

将计算结果填入图 6.20(b)相应位置。这时结点 B 暂时获得平衡，同样我们在分配弯矩下面画一条横线来表示平衡。此时 C 点由于有传递弯矩而不再平衡，有约束力矩存在，因此还要放松结点 C，按同样的方法进行分配传递。类似这样，轮流放松结点 B 和 C，直至各结点上的约束力矩小到可以忽略，才停止分配与传递。其余计算见图 6.20(b)所示。

（5）叠加杆端弯矩

最后，将各杆端的固端弯矩和屡次所得到的分配弯矩、传递弯矩总加起来，便得到各杆端的最后弯矩，计算结果见图 6.20(b)所示。

根据杆端弯矩画出弯矩图，如图 6.20(c)所示。

【例 6.7】　试用力矩分配法作图 6.21(a)所示刚架的弯矩图。

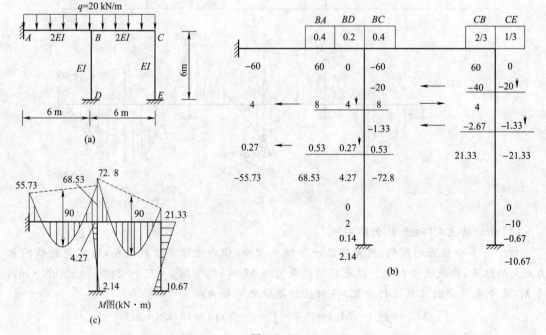

图　6.21

【解】 (1)计算分配系数。结点 B：

$$S_{BC}=4i_{BC}=4\times\frac{2EI}{6}=\frac{4EI}{3}, \quad S_{BA}=4i_{BA}=4\times\frac{2EI}{6}=\frac{4EI}{3}, \quad S_{BD}=4i_{BD}=4\times\frac{EI}{6}=\frac{2EI}{3}$$

$$\mu_{BA}=\frac{S_{BA}}{\sum S}=0.4, \quad \mu_{BD}=\frac{S_{BD}}{\sum S}=0.2, \quad \mu_{BC}=\frac{S_{BC}}{\sum S}=0.4$$

结点 C：

$$S_{CB}=4i_{BC}=4\times\frac{2EI}{6}=\frac{4EI}{3}, \quad S_{CE}=4i_{CE}=4\times\frac{EI}{6}=\frac{2EI}{3}$$

$$\mu_{CB}=\frac{S_{CB}}{\sum S}=\frac{2}{3}, \quad \mu_{CE}=\frac{S_{CE}}{\sum S}=\frac{1}{3}$$

(2)计算固端弯矩。

$$M_{AB}^{F}=M_{BC}^{F}=-\frac{ql^2}{12}=-\frac{20\times6^2}{12}=-60(\text{kN}\cdot\text{m})$$

$$M_{BA}^{F}=M_{CB}^{F}=\frac{ql^2}{12}=\frac{20\times6^2}{12}=60(\text{kN}\cdot\text{m})$$

$$M_{BD}^{F}=M_{DB}^{F}=M_{CE}^{F}=M_{EC}^{F}=0$$

将分配系数与固端弯矩填入图 6.21(b)所示的相应位置。

(3)在结点 B、C 循环交替进行力矩分配与传递,并通过叠加求得各杆端最后弯矩,计算过程如图 6.21(b)所示。

(4)根据杆端最后弯矩作出弯矩图,如图 6.21(c)所示。

本章小结

6.1 掌握位移法的基本思路。第一步,在结构的结点增加附加约束,使结构成为若干互不影响的单跨梁的集合体,可分别计算出这些单跨梁的内力。第二步,放松这些附加约束,也就是,使结构回归实际变形,回归过程会使这些单跨梁产生内力。实际结构的内力就是第一步与第二步的叠加。

6.2 掌握位移法的基本结构与基本未知量。基本结构就是原结构在结点增加附加约束后的结构本身,基本未知量就是结点的位移。

6.3 掌握位移法方程的建立条件。利用基本结构在荷载与结点位移的共同作用下,附加约束的反力为零,建立平衡方程。

6.4 位移法的做题步骤:

(1)作基本结构;

(2)列出位移法方程;

(3)计算系数和自由项;

(4)解方程;

(5)作出内力图。

6.5 力法与位移法的比较:

(1)基本未知量,力法的基本未知量是多余未知力;位移法的基本未知量是结点的位移。

（2）基本结构，力法的基本结构是去掉多余约束后的静定结构；位移法的基本结构是在结构的结点增加附加约束，使结构成为若干互不影响的单跨梁的集合体。

（3）建立方程的原则。力法方程是按照基本结构在多余未知力方向上的位移与原结构变形一致的变形协调条件建立的；位移法方程是按照基本结构上附加约束的反力与原结构的受力一致的平衡条件建立的。

（4）解题步骤，力法、位移法的解题步骤基本相同。

（5）力法位移法的适用范围，两种方法都适用于解超静定结构，但从方便计算的角度来说，力法适合计算超静定次数少，而刚结点数多的结构。位移法适合计算超静定次数多，而结点位移少的以弯曲变形为主的结构。

6.6　力矩分配法主要适用于连续梁和无侧移刚架的内力计算。

6.7　掌握转动刚度、传递系数及分配系数的计算。

6.8　掌握力矩分配法的原理，首先固定结点，然后放松结点，最后把这两个过程叠加。

6.9　掌握力矩分配法的计算过程：首先计算分配系数，然后查表求固定弯矩，再进行力矩的分配和传递，最后进行叠加。

6.10　应用力矩分配法计算有多个结点的结构时，采取逐个结点轮流放松的办法，逐步消去刚臂的作用。

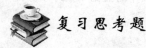

复习思考题

6.1　位移法的基本体系和基本结构有什么不同？

6.2　位移法的基本结构上，什么情况下附加刚臂？什么情况下附加链杆？

6.3　位移法的典型方程是根据什么条件列出来的？

6.4　位移法典型方程中系数与自由项的下标含义是什么？

6.5　如何求位移法典型方程中的系数与自由项？

6.6　位移法方程中的未知数是位移吗？

6.7　位移法方程中的系数是力吗？

6.8　位移法计算中可否采用刚度的相对值？

6.9　位移法可否用于求解静定结构？

6.10　力矩分配法主要适用于计算哪些结构？

6.11　力矩分配法中的分配系数与哪些因素有关？其分配意义何在？

6.12　传递系数的意义何在？

6.13　如何计算结点的约束力矩？

6.14　如何进行力矩的分配和传递？

6.15　作出图示结构位移法的基本结构。

6.16　画出图示结构用位移法计算时的 $\overline{M_i}$、M_P 图，求出位移法典型方程中的系数、自由项。

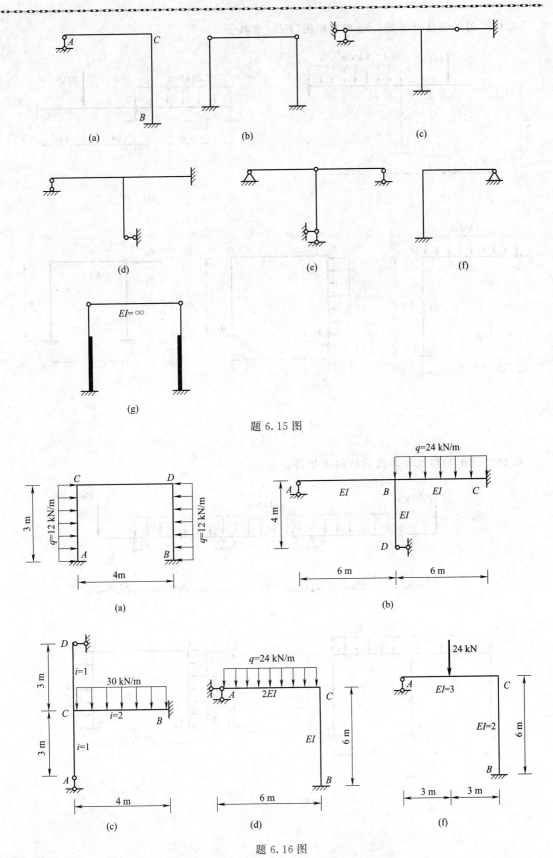

题 6.15 图

题 6.16 图

6.17 用位移法计算图示结构弯矩图，EI＝常数。

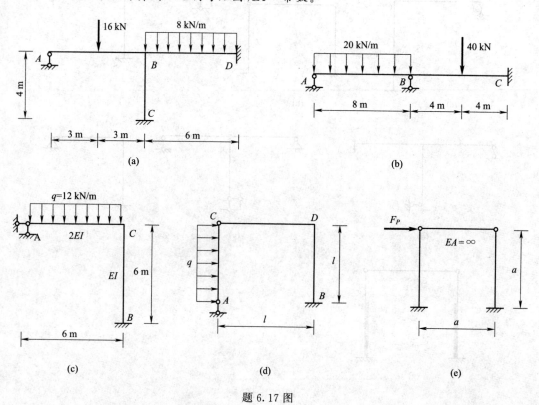

题 6.17 图

6.18 利用对称性计算图示结构弯矩图。

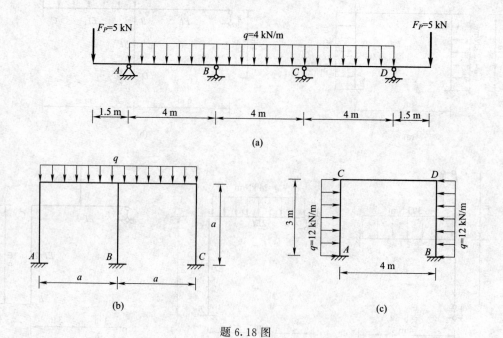

题 6.18 图

6.19　用力矩分配法计算图示结构弯矩图（未标注 EI 的杆件 EI 为常数）。

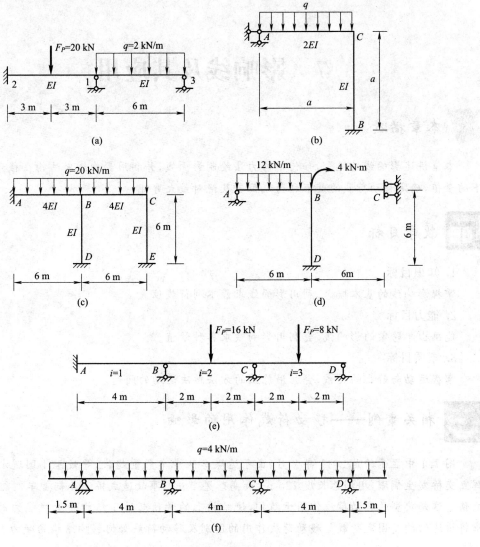

题 6.19 图

7　影响线及其应用

 本章描述

　　本章讲述影响线的概念,如何用静力法绘制影响线,并利用影响线求结构在移动荷载作用下的量值,确定移动荷载的最不利荷载位置及绝对最大弯矩。

 教学目标

　　1. 知识目标
掌握影响线的基本概念,利用影响线求最不利荷载位置。
　　2. 能力目标
能画出单跨梁的影响线,会利用影响线求各种量值。
　　3. 素质目标
掌握运动与静止的关系,会利用静止的方法解决运动的问题。

 相关案例——移动荷载作用的影响

　　图7.1中显示的是2011年2月,由于运煤车队卡车严重超载,导致104国道浙江上虞春晖立交桥发生倒塌,坍塌总长度120 m,最高落差7 m。事故造成桥上4辆货车侧翻,3人受轻微伤。这是典型的移动荷载作用于结构,使结构上的量值超过了结构的承载能力的案例。本章将讲述结构受固定荷载与移动荷载作用的区别及移动荷载如何影响结构的受力?

图　7.1

7.1 影响线概述

7.1.1 结构受移动荷载的问题

在前面各章讨论结构的内力时,作用在结构上的荷载位置是固定不变的,所以结构上的反力、内力也是与之对应而不变的。通常情况下,工程结构除了承受固定荷载外,还受到移动荷载的作用。所谓**移动荷载**,是指一系列荷载大小、方向以及相互间的距离都不变化,只有作用的位置经常变化的荷载。例如桥梁上行驶的汽车、火车,厂房中吊车梁上的吊车荷载等。例如,当桥梁上驶过一辆汽车时,其计算简图如图 7.2 所示,我们在结构设计时,需求出汽车处于何处时,桥梁上的支座反力、弯矩、剪力等的量值最大,也就是确定荷载的最不利位置。在移动荷载的作用下,结构上的反力、内力等量值都随着荷载位置的变化而不同。如何确定这些量值的大小以及变化规律,就成为我们的研究课题。

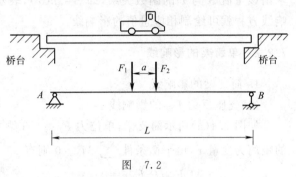

图　7.2

所谓**量值**是指结构在荷载作用下引起的支座反力、内力、位移等量的总称,常用符号 S 表示。

7.1.2 影响线的概念

为解决结构在移动荷载作用下的有关问题,就要用到影响线这一概念。

由于工程实际中遇到的移动荷载类型较多,规格不一,我们无法对每一种具体的移动荷载逐个加以研究,而只能抽出其中的共性进行典型分析。**典型的移动荷载**就是竖直向下的单位移动集中荷载($F_P = 1$)。只要把单位集中荷载沿结构移动时,结构所产生的反力、内力等量值的变化规律分析清楚,那么,根据叠加原理就可以顺利解决各种荷载作用下结构的反力、内力等计算问题。

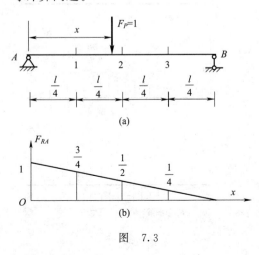

图　7.3

量值的影响线的概念:当一个指向不变的单位力($F_P = 1$)在结构上移动时,表示某指定截面的某一量值变化规律的图形。影响线是研究移动荷载作用下结构计算的基本工具。下面举例说明影响线的概念。

如图 7.3(a)所示简支梁,当单位力 $F_P = 1$ 分别移动到 A、1、2、3、B 几个点时,根据静力平衡条件,可求得 A 支座的反力 F_{RA} 的大小分别为 1、3/4、1/2、1/4 和 0,若以水平轴为基准,将以上各点用纵标表示出来,并用线段连接起各点,这样的图形就表示单位力 $F_P = 1$ 在梁上移动时反力 F_{RA} 的变化规律,称为 F_{RA} 的影响线,如图 7.3(b)所示。

7.2　用静力法绘单跨梁的影响线

7.2.1　静力法概念

利用静力平衡条件建立影响线方程来绘制影响线的方法称为**静力法**。它是绘制影响线的最基本方法。用静力法作结构某一量值 S 的影响线时，可先把单位荷载 $F_P=1$ 放在结构的任意位置，并根据所选定的坐标系统，以横坐标 x 表示荷载作用点的位置，然后由静力平衡条件求出该量值 S 与 x 的函数关系，即 $S=f(x)$，表示这种关系的方程称为**影响线方程**。利用影响线方程就可绘制相应量值的影响线。

7.2.2　单跨梁的影响线

1. 简支梁的影响线

（1）支座反力 F_{RB} 的影响线

如图 7.4（a）所示简支梁，单位力 $F_P=1$ 在梁上移动，A 为坐标原点，以荷载的作用点到 A 的距离为变量 x，由平衡条件 $\sum M_A=0$ 则有

$$F_{RB}l-F_Px=0$$

得　　　　　$$F_{RB}=\frac{x}{l}F_P=\frac{x}{l}$$

这就是 F_{RB} 的影响线方程，它表示 F_{RB} 随 $F_P=1$ 的移动而变化的方程，是 x 的一次函数，图形为一直线，绘图时只需定出两点便可画出这条直线。

当 $x=0$ 时，$F_{RB}=0$

当 $x=l$ 时，$F_{RB}=1$

据此绘出 F_{RB} 的影响线，如图 7.4（b）所示

（2）支座反力 F_{RA} 的影响线

同样由平衡条件 $\sum M_B=0$ 则有

$$-F_{RA}l+F_P(l-x)=0$$

得　　　　　$$F_{RA}=\frac{l-x}{l}F_P=\frac{l-x}{l}$$

这就是 F_{RA} 的影响线方程，根据 F_{RA} 的影响线方程，绘出 F_{RA} 的影响线，如图 7.4（c）所示。可见简支梁支座反力的影响线是一条从 0 到 1 变化的直线。

（3）C 截面弯矩影响线

当绘制某指定 C 截面的弯矩 M_C 的影响线时，先让荷载 $F_P=1$ 在 C 截面的左侧 AC 段移动，即 $0\leqslant x\leqslant a$，取 CB 部分为分离体，并规定使梁的下面纤维受拉的弯矩为正，由 $\sum M_C=0$ 求得截面 C 的弯矩影响线方程为

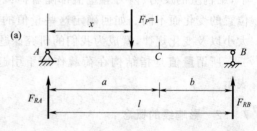

（a）

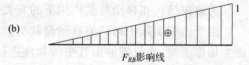

（b）

F_{RB}影响线

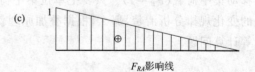

（c）

F_{RA}影响线

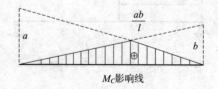

（d）

M_C影响线

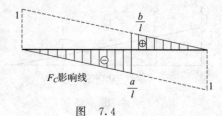

（e）

F_C影响线

图　7.4

$$M_C = F_{RB} \times b = \frac{x}{l}b \quad (0 \leqslant x \leqslant a)$$

上式是 $F_P=1$ 在 AC 间移动时，M_C 随荷载位置 x 变化而变化的函数关系式，即 AC 段上 M_C 的影响线方程，其图形为直线。

当荷载 $F_P=1$ 在 C 截面的右侧 BC 段移动时，即 $a \leqslant x \leqslant l$，取 AC 部分为分离体，由 $\sum M_C=0$ 求得截面 C 的弯矩影响线方程

$$M_C = F_{RA} \times a = \frac{l-x}{l}a \quad (a \leqslant x \leqslant l)$$

BC 段上 M_C 的影响线图形也为直线。

根据弯矩影响线方程绘出 M_C 的影响线如图 7.4(d)所示。可见 M_C 影响线的图形是一个三角形，三角形的顶点在 C 截面处，纵坐标为 ab/l。

(4)C 截面剪力影响线

当绘制某指定 C 截面的剪力 F_{QC} 的影响线时，也应分别按 C 截面的左、右段来考虑。先将荷载 $F_P=1$ 置于 C 截面的左侧 AC 段，即 $0 \leqslant x \leqslant a$，取 CB 部分为分离体，由 $\sum y=0$ 求得截面 C 的剪力影响线方程

$$F_{QC} = -F_{RB} = -\frac{x}{l} \quad (0 \leqslant x \leqslant a)$$

当荷载 $F_P=1$ 在 C 截面的右侧 BC 段，即 $a \leqslant x \leqslant l$，取 AC 部分为分离体，由 $\sum y=0$ 求得截面 C 的剪力影响线方程

$$F_{QC} = F_{RA} = \frac{l-x}{l} \quad (a \leqslant x \leqslant l)$$

根据剪力影响线方程绘出 F_{QC} 的影响线如图 7.4(e)所示。可见 F_{QC} 影响线的图形是两个直角三角形，顶点都在 C 截面处，并且这两个三角形中的两条斜直线互相平行。

通过上述分析，静力法画影响线的一般步骤：

(1)选择坐标系，确定坐标原点，以 $F_P=1$ 的作用点与坐标原点的距离 x 为变量。

(2)用静力平衡条件推导出所求量值的影响线方程式，注明表达式的适用区间。

(3)根据影响线方程画出影响线，正的画在基准线上边，负的画在基准线下边，注明正负号。

注意点：在作影响线时，$F_P=1$ 是没有量纲的，因此反力 F_{RA}、F_{RB} 和剪力 F_{QC} 的影响线纵坐标都没有量纲，弯矩 M_C 影响线的量纲是〔长度〕。

2. 外伸梁的影响线

(1)支座反力影响线

如图 7.5(a)外伸梁，选 A 为坐标原点，x 轴水平向右为正，设单位荷载 $F_P=1$ 作用点到 A 点的距离为 x，由平衡方程可求得两支座反力的影响线方程，它与简支梁支座反力的影响线方程相同，即

$$F_{RA} = \frac{l-x}{l}F_P = \frac{l-x}{l} \quad (-e \leqslant x \leqslant l+d)$$

$$F_{RB} = \frac{x}{l}F_P = \frac{x}{l} \quad (-e \leqslant x \leqslant l+d)$$

根据影响线方程画出影响线如图 7.5(b)、(c)所示，

（2）跨中指定 C 截面的内力影响线

当 $F_P=1$ 在 C 截面左侧移动，取 C 截面以右部分为分离体，由平衡条件得

$$M_C=F_{RB}\times b=\frac{x}{l}b \quad (-e\leqslant x\leqslant a)$$

$$F_{QC}=-F_{RB}=-\frac{x}{l} \quad (-e\leqslant x\leqslant a)$$

当 $F_P=1$ 在 C 截面右侧移动，取 C 截面以左部分为分离体，由平衡条件得

$$M_C=F_{RA}\times a=\frac{l-x}{l}a \quad (a\leqslant x\leqslant l+d)$$

$$F_{QC}=F_{RA}=\frac{l-x}{l} \quad (a\leqslant x\leqslant l+d)$$

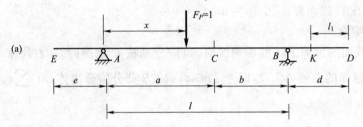

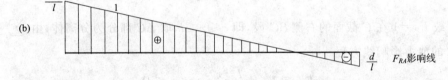

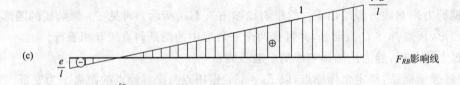

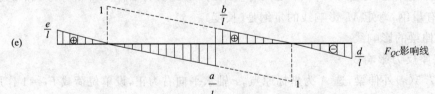

图　7.5

根据以上影响线方程可绘出 M_C、F_{QC} 影响线,如图 7.5(d)、(e)所示。

由图可见,外伸梁的支座反力影响线,以及 M_C、F_{QC} 影响线,可由简支梁相应反力影响线向两侧外伸部分延伸而得到。

(3)外伸部分的截面内力影响线

为求外伸部分上任一指定截面 K 的弯矩和剪力影响线,取 K 点为坐标原点,取 KD 为分离体。当 $F_P=1$ 在 KD 段移动时,由平衡条件求得内力影响线方程为

$$M_K = -x \quad (0 \leqslant x \leqslant l_1)$$
$$F_{QK} = -1 \quad (0 \leqslant x \leqslant l_1)$$

当 $F_P=1$ 不在 KD 段移动时,由平衡条件求得内力影响线方程为

$$M_K = 0$$
$$F_{QK} = 0$$

根据以上影响线方程可绘出 M_K、F_{QK} 影响线,如图 7.5(f)、(g)所示。

7.3 利用影响线确定荷载最不利位置

7.3.1 荷载最不利位置的概念

在结构设计中,需要求出某量值的绝对最大值,以便作为结构设计的依据,为此必须先确定产生这种最大值的移动荷载所处的位置,这个荷载位置称为**荷载最不利位置**。影响线最重要的作用,就是用来判定荷载最不利位置。我们先来学习利用影响线解决结构在一组集中力或均布荷载作用下的量值计算方法。

7.3.2 利用影响线求量值

(1)一个集中荷载 F_P 作用的情况

如图 7.6(a)所示简支梁,在 D 点处受到一个集中荷载 F_P 作用,利用影响线求截面 C 的弯矩、剪力。

为此,先绘出 M_C、F_{QC} 影响线,如图 7.6(b)、(c)所示,由影响线定义可知,影响线图上与结构 D 点处对应的纵标 y_1、y_2 分别表示单位荷载 $F_P=1$ 作用在 D 点时 C 截面的弯矩、剪力。现在 D 点处作用的不是单位荷载,而是大小为 F_P 的力,故由叠加原理可得

$$M_C = F_P y_1, \quad F_{QC} = F_P y_2$$

(2)一组集中荷载作用的情况

如图 7.7(a)所示外伸梁,受到一组集中荷载 F_{P1}、F_{P2}、F_{P3} 的作用,利用影响线求截面 C 的弯矩、剪力。为此,先绘出 M_C、F_{QC} 影响线,如图 7.7(b)、(c)所示,各荷载对应 M_C 影响线的纵标分别为 y_1、y_2、y_3,对应 F_{QC} 影响线的纵标分别为 y_1'、y_2'、y_3',则由叠加原理可得

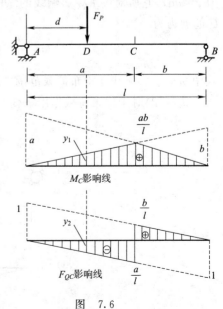

图 7.6

$$M_C = F_{P1}y_1 + F_{P2}y_2 + F_{P3}y_3$$
$$F_{QC} = F_{P1}y_1' + F_{P2}y_2' + F_{P3}y_3'$$

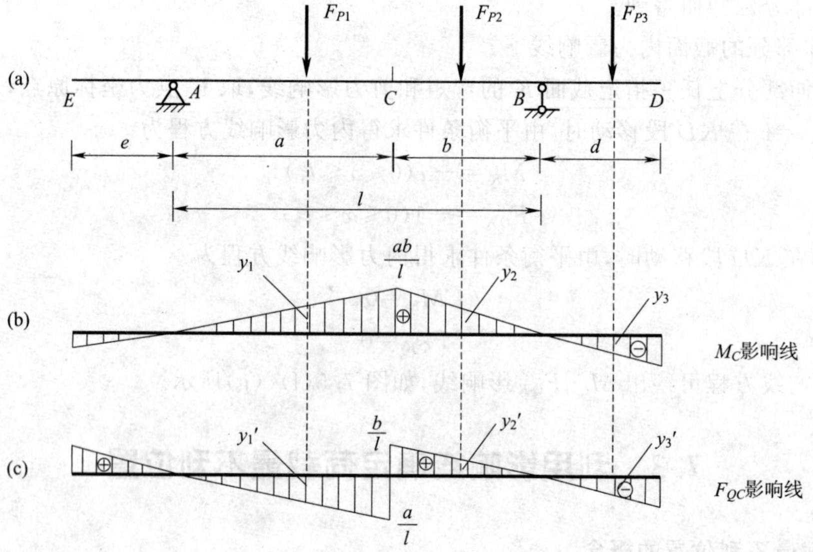

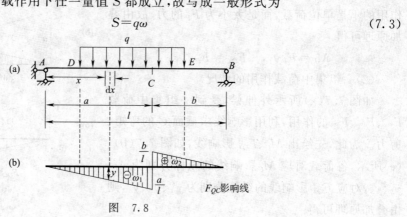

图 7.7

由此可推得一般情况,设结构受一组集中荷载 $F_{P1}, F_{P2}, \cdots F_{Pn}$ 作用,利用某量值 S 的影响线求量值有

$$S = F_{P1}y_1 + F_{P2}y_2 + \cdots + F_{Pn}y_n = \sum F_{Pi}y_i \qquad (7.1)$$

式中 $y_1, y_2, \cdots, y_n$ 为各荷载作用点处相应的影响线纵标,它可以是正值,也可以是负值。

(3)分布荷载作用的情况

如图 7.8(a)所示简支梁,在 DE 段承受均布荷载 q 的作用,利用影响线求截面 C 的剪力。先画出 F_{QC} 影响线,如图 7.8(b)所示,在距 A 点 x 处,取微段 dx,该微段的力视为集中荷载 $dF_P = qdx$,它所对应 F_{QC} 影响线的纵标为 y。利用式(7.1)在均布荷载区段内积分,求得截面 C 的剪力为

$$F_{QC} = \int_D^E yq\,dx = q\int_D^E y\,dx = q\omega \qquad (7.2)$$

式中 ω 表示影响线在均布荷载范围内的面积,图 7.8 中的 $\omega = \omega_2 - \omega_1$。

式(7.2)对于均布荷载作用下任一量值 S 都成立,故写成一般形式为

$$S = q\omega \qquad (7.3)$$

图 7.8

【例 7.2】 试利用影响线,求图 7.9(a)所示简支梁 M_C、F_{QC} 的值。

【解】 (1)作 M_C、F_{QC} 影响线,如图 7.9(b)、(c)所示。

(2)计算 F_P 作用点处及 q 作用范围内对应的影响线图上的纵标,标注在图 7.9(b)、(c)上。

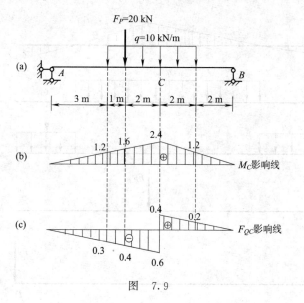

图 7.9

(3)根据叠加原理,由式(7.1)和式(7.3)得

$$M_C = \sum F_{Pi} y_i + q \cdot \omega = 20 \times 1.6 + 10 \times \left[\frac{1}{2} \times (1.2 + 2.4) \times 3 + \frac{1}{2} \times (1.2 + 2.4) \times 2 \right]$$

$$= 32 + 90 = 122 (\text{kN} \cdot \text{m})$$

$$F_{QC} = \sum F_{Pi} y_i + q \cdot \omega = 20 \times 0.4 + 10 \times \left[-\frac{1}{2} \times (0.3 + 0.6) \times 3 + \frac{1}{2} \times (0.4 + 0.2) \times 2 \right]$$

$$= 8 - 705 = 0.5 (\text{kN})$$

7.3.3 利用影响线确定最不利荷载位置

当结构的某个量值发生最大(小)值时,移动荷载所处的位置称为荷载最不利位置。

1. 可直观判断的情况

(1)移动荷载是均布荷载时

对于可以任意断续布置的均布荷载,如货物、材料、人群等,其荷载的最不利位置比较容易确定。从式(7.3)$S = q\omega$ 知,只要在量值 S 影响线的正号面积范围布满均布荷载,就可求得量值 S 的最大值。反之,在 S 影响线的负号面积范围布满均布荷载,就可求得量值 S 的最小值。如图 7.10(a)所示外伸梁,C 截面的弯矩最大值 M_{Cmax} 和弯矩最小值 M_{Cmin},相应的荷载最不利位置分别如图 7.10(c)、(d)所示。

(2)一个移动集中荷载作用时

若结构只受一个移动集中荷载作用,此荷载的最不利位置凭直观就可判定,就是将荷载 F_P 置于量值影响线的最大纵标 y 处,由式(7.1)可求得 $S_{max} = F_P y$。如图 7.10(e)所示,当移动荷载 F_P 作用于梁上 C 处,C 截面产生最大弯矩。当移动荷载 F_P 作用于梁上 D 处,如图 7.10(f)所示,C 截面产生最小弯矩,故 C、D 处都是荷载的最不利位置。总之,集中移动荷载的最不利位置一定在影响线的一个顶点上。

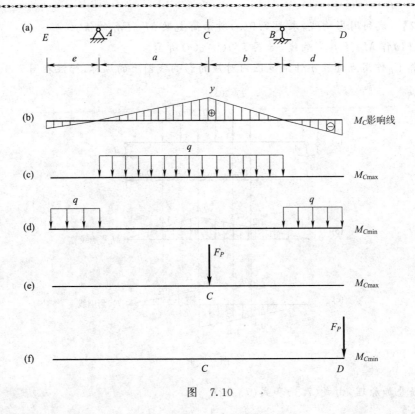

图　7.10

2. 结构受到一组移动荷载作用时

一组移动荷载的特点是：每个荷载的大小、彼此的间距保持不变，如汽车、火车等。这样的荷载，用直观的方法不易判断出最不利荷载位置。现在我们就来讨论判别荷载最不利位置的方法。因为影响线多数为三角形，这里主要讨论量值 S 影响线为三角形的情形。

由上述可知，一组移动荷载位于最不利位置时，一定有一个集中荷载位于影响线顶点处。如图 7.11（a）所示简支梁，某量值 S 的影响线如图 7.11（b）所示，受一组移动荷载作用，某个集中荷载位于 C 处，使 S 有极大值，这个荷载称为临界荷载 F_{PK}，对应的位置叫临界位置。F_{PK} 左侧各荷载的合力为 $F_{R左}$，右侧各荷载的合力为 $F_{R右}$。既然对应于荷载的临界位置 S 有极大值，那么，无论荷载向左或向右移动微小距离，都将使 S 减少，量值 S 的增量 ΔS 为负值。

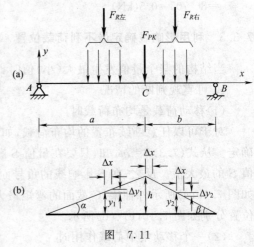

图　7.11

（1）当荷载从临界位置向右移动 Δx 时（$\Delta x > 0$），F_{PK} 移动到影响线顶点的右侧，临界位置左侧各个移动荷载对应影响线的纵标增量为

$$\Delta y_1 = \Delta x \tan \alpha$$

临界位置右侧各个移动荷载对应影响线的纵标增量为

$$\Delta y_2 = -\Delta x \tan \beta$$

于是，可求得荷载右移时量值 S 的增量

$$\Delta S_{右} = F_{R左} \Delta y_1 + (F_{R右} + F_{PK}) \Delta y_2$$
$$= F_{R左} \Delta x \tan\alpha - (F_{R右} + F_{PK}) \Delta x \tan\beta$$
$$= \Delta x [F_{R左} \tan\alpha - (F_{R右} + F_{PK}) \tan\beta]$$

量值 S 的增量应满足：

$$\Delta S_{右} = \Delta x [F_{R左} \tan\alpha - (F_{R右} + F_{PK}) \tan\beta] < 0$$

因为 $\Delta x > 0$，则

$$F_{R左} \tan\alpha - (F_{R右} + F_{PK}) \tan\beta < 0 \qquad\qquad (a)$$

(2)当荷载从临界位置向左移动 Δx 时，Δx 取负值，F_{PK} 移动到影响线顶点的左侧，同理可求得荷载左移时量值 S 的增量

$$\Delta S_{左} = (F_{R左} + F_{PK}) \Delta x \tan\alpha - F_{R右} \Delta x \tan\beta$$
$$= \Delta x [(F_{R左} + F_{PK}) \tan\alpha - F_{R右} \tan\beta]$$

量值 S 的增量应满足：

$$\Delta S_{左} = \Delta x [(F_{R左} + F_{PK}) \tan\alpha - F_{R右} \tan\beta] < 0$$

因 $\Delta x < 0$，故

$$(F_{R左} + F_{PK}) \tan\alpha - F_{R右} \tan\beta > 0 \qquad\qquad (b)$$

由图 7.11(b)知

$$\tan\alpha = \frac{h}{a}, \quad \tan\beta = \frac{h}{b}$$

代入式(a)、(b)，并整理得

$$\frac{F_{R左}}{a} < \frac{F_{R右} + F_{PK}}{b}$$
$$\frac{F_{R左} + F_{PK}}{a} > \frac{F_{R右}}{b} \qquad\qquad (7.4)$$

这就是当影响线为三角形时，荷载最不利位置的判别式。该式阐明了临界荷载 F_{PK} 的特性，F_{PK} 移动到影响线顶点的哪一边，哪一边单位长度上的荷载(也称为平均荷载)就比较大。

一般情况下，荷载的临界位置可能不止一个，这就必须将各临界荷载相应的 S 值求出，然后加以比较，取其最大值，其相应的荷载位置即为荷载最不利位置。如果移动荷载数目较多，这种试算就比较麻烦，但由于荷载的临界位置总是使数值大、排列密集的荷载位于影响线纵标最大处附近，因此，仍可通过直观判断来减少试算次数。

当移动均布荷载跨过影响线的顶点时，可将均布荷载看做一系列 $q\Delta x$ 的集中荷载。设其中某一个 $q\Delta x$ 为临界荷载，根据式(7.4)有

$$\frac{F_{R左}}{a} < \frac{F_{R右} + q\Delta x}{b}$$
$$\frac{F_{R左} + q\Delta x}{a} > \frac{F_{R右}}{b}$$

由于 $q\Delta x$ 是一个微量，以上两个式子可合为一个等式

$$\frac{F_{R左}}{a} = \frac{F_{R右}}{b} \qquad\qquad (7.5)$$

这就是均布移动荷载作用下确定荷载最不利位置的条件。

必须注意，当影响线为直角三角形时，以上判别式均不适用。应逐次假定 F_{PK} 置于三角形顶点并试算出 S 值，通过比较后才能确定最不利的荷载位置。

【例 7.3】 图 7.12(a)所示简支梁受图示吊车荷载作用,已知 $F_{P1}=F_{P2}=F_{P3}=F_{P4}=$ 152 kN,试求截面 C 的最大弯矩 M_C。

【解】 (1)作出 M_C 的影响线,如图 7.12(b) 所示。

(2)确定荷载的临界位置。设 F_{P2} 为临界荷载, F_{P2} 位于影响线顶点 C 处,如图 7.12(c)所示, F_{P4} 不 作用在梁上,由判别式(7.4)有

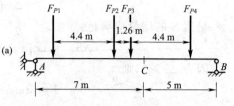

$$\frac{152}{7}<\frac{152+152}{5}$$

$$\frac{152+152}{7}>\frac{152}{5}$$

满足判别式条件,故图 7.12(c)所示为临界位 置,各个荷载对应影响线纵标如图所示,相应 M_C 值为

$$M_C=152\times(1.08+2.92+2.18)=939.36(\text{kN}\cdot\text{m})$$

设 F_{P3} 为临界荷载, F_{P3} 位于影响线顶点 C 处, 如图 7.12(d)所示,由判别式(7.4)有

$$\frac{152+152}{7}<\frac{152+152}{5}$$

$$\frac{152\times3}{7}>\frac{152}{5}$$

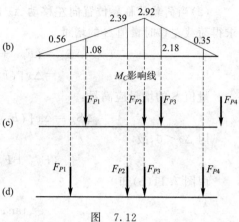

图 7.12

满足判别式条件,故图 7.12(d)所示为临界位置,各个荷载对应影响线纵标如图所示,相应 M_C 值为

$$M_C=152\times(0.56+2.39+2.92+0.35)=945.44(\text{kN}\cdot\text{m})$$

经过比较,图 7.12(d)所示为荷载最不利位置, C 截面的最大弯矩为 945.44 kN·m。

【例 7.4】 试求图 7.13(a)所示简支梁在图示移动荷载作用下的 C 截面最大弯矩、最大剪 力和最小剪力。

【解】 1. 求 C 截面的最大弯矩

(1)作出 M_C 的影响线,如图 7.13(b)所示。

(2)确定荷载的临界位置。

荷载临界位置的特点是:荷载值大、排列密集者应位于量值影响线最大纵标附近,且一定 有一个集中荷载位于影响线的顶点处。故先设第四个力为临界荷载 F_{PK}, F_{PK} 位于影响线顶点 C 处,如图 7.13(c)所示,由判别式(7.4)有

$$\frac{220\times3}{10}<\frac{220\times2+92\times17}{20}$$

$$\frac{220\times4}{10}\not>\frac{220+92\times17}{20}$$

不满足判别式条件,故第四个力不是临界荷载。

再设第五个力为临界荷载 F_{PK}, F_{PK} 位于影响线顶点 C 处,如图 7.13(d)所示,由判别式 (7.4)有

$$\frac{220\times4}{10}<\frac{220+92\times18.5}{20}$$

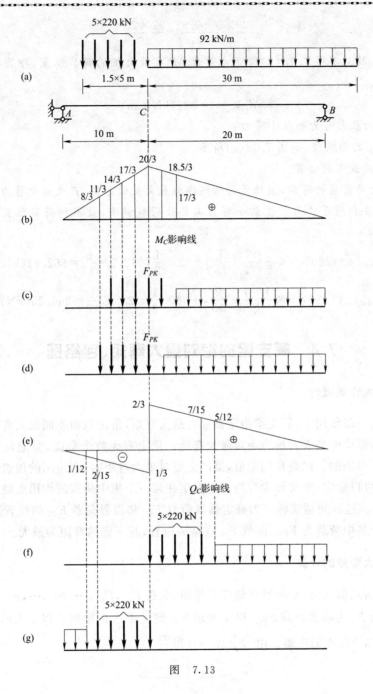

图 7.13

$$\frac{220\times5}{10} > \frac{92\times18.5}{20}$$

满足判别式条件,故第五个力是临界荷载,图 7.13(d)所示为临界位置,各个荷载对应影响线纵标如图所示,相应 M_C 值为

$$M_C = 220\times\left(\frac{8}{3}+\frac{11}{3}+\frac{14}{3}+\frac{17}{3}+\frac{20}{3}\right)+92\times\frac{1}{2}\times\frac{18.5}{3}\times18.5 = 10\ 381(\text{kN}\cdot\text{m})$$

再设荷载继续向左移动,当均布荷载跨过影响线顶点 x 距离,这时荷载最不利位置的判别式为式(7.5),则有

$$\frac{220\times5+92x}{10}\neq\frac{92\times20}{20}$$

判别式不成立。故只有图 7.13(d)所示才是使 M_C 有最大值的荷载位置,即为荷载的最不利位置。

$$M_{C\max}=10\ 381(\text{kN}\cdot\text{m})$$

2. 求 C 截面最大剪力和最小剪力

(1)作出 F_{QC} 的影响线,如图 7.13(e)所示。

(2)确定荷载最不利位置。

根据数值大而密集的荷载,应位于影响线纵标最大处的原则,产生最大剪力时的最不利荷载位置如图 7.13(f)所示。而产生最小剪力需要让荷载调头,最不利荷载位置如图 7.13(g)所示。

$$F_{Q,C,\max}=220\times5\times\frac{1}{2}\left(\frac{2}{3}+\frac{7}{15}\right)+92\times\frac{1}{2}\times12.5\times\frac{5}{12}=862.91(\text{kN})$$

$$F_{Q,C,\min}=220\times5\times\frac{1}{2}\left(\frac{1}{3}+\frac{2}{15}\right)+92\times\frac{1}{2}\times2.5\times\frac{1}{12}=266.25(\text{kN})$$

7.4 简支梁的绝对最大弯矩、包络图

7.4.1 绝对最大弯矩概念

在一组移动荷载作用下,简支梁指定截面有最大弯矩,指定截面不同最大弯矩的大小也不同。这些最大弯矩中的最大者称为**绝对最大弯矩**。梁上有无数个截面,要把每个截面的最大弯矩求出来是不可能的。但是我们知道,梁产生绝对最大弯矩时,弯矩图的顶点一定处于某个集中荷载下面,可以断定,绝对最大弯矩必定发生在某一个集中荷载的作用点处。这个荷载称为临界荷载 F_{PK}。这样问题就转变为确定临界荷载 F_{PK} 和临界荷载 F_{PK} 的位置所在了。为此可以先选定一个集中荷载为 F_{PK},荷载 F_{PK} 在某一位置,其下面的弯矩为最大。

7.4.2 绝对最大弯矩的计算

如图 7.14 所示简支梁,受一组移动荷载作用,荷载 $F_{P1},F_{P2},\cdots,F_{Pi},\cdots,F_{Pn}$ 的数量和间距不变。设其中的 F_{Pi} 为临界荷载 F_{PK},以 x 表示 F_{PK} 到支座 A 的距离。以 a 表示 F_{PK} 作用点与梁上荷载合力 F_R 作用点的距离。由 $\sum M_B=0$ 得

$$F_{RA}=\frac{F_R(l-x-a)}{l}$$

F_{PK} 作用点处截面的弯矩为

$$M=F_{RA}x-M_K=\frac{F_R(l-x-a)}{l}x-M_K$$

M_K 表示 F_{PK} 以左各荷载对 F_{PK} 作用点的力矩的代数和,由于荷载间距不变,M_K 为常数。

若要 M 获得极大值,则有 $\dfrac{\mathrm{d}M}{\mathrm{d}x}=0$,即

$$\frac{\mathrm{d}}{\mathrm{d}x}\left[\frac{F_R}{l}(l-x-a)x-M_K\right]=0$$

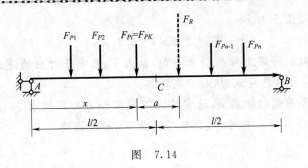

图 7.14

则：
$$\frac{F_R}{l}(l-2x-a)=0$$

$$x=\frac{l}{2}-\frac{a}{2}=\frac{1}{2}(l-a)$$

这证明，当 F_{PK} 与合力 F_R 对称于梁的中点 C 来布置荷载时，荷载 F_{PK} 作用点截面的弯矩达到最大值，其值为

$$M_{max}=\frac{F_R}{l}\left(\frac{l-a}{2}\right)^2-M_K \qquad (7.6)$$

上式中，F_R 在 F_{PK} 右边 a 取正号，F_R 在 F_{PK} 左边 a 取负号。F_R 是梁上实有荷载的合力。

由于 F_{PK} 选定的不同，可能出现几个 M_{max}，再从中选择最大者。为减少试算次数，可把梁上荷载顺次叠加，然后取合力 F_R 的中点所对应的那个力为 F_{PK}。

【例 7.5】 求如图 7.15 所示简支梁在吊车荷载作用下的最大弯矩。已知 $F_{P1}=F_{P2}=F_{P3}=F_{P4}=152$ kN。

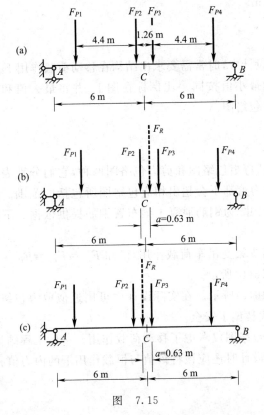

图 7.15

【解】 (1)确定梁上合力。

$$F_R = 152 \times 4 = 608 (\text{kN})$$

(2)确定临界荷载。将梁上荷载顺次叠加,合力 F_R 的中点对应的是 F_{P2}、F_{P3},可先选 F_{P2} 为临界荷载,再选 F_{P3} 为临界荷载,然后分别计算。

(3)求合力与临界荷载的距离 a,通常情况下采用合力矩定理求 a,这里由于荷载的对称性,可看出 F_R 作用在 F_{P2}、F_{P3} 中间,F_R 到临界荷载 F_{P2} 的距离为

$$a = \frac{1.26}{2} = 0.63 (\text{m})$$

(4)求最大弯矩,将 F_{P2} 与 F_R 对称作用在梁中点 C 的两侧,如图 7.15(b)所示,F_{P2} 作用点所在截面的弯矩可能为最大,将相应数据代入式(7.6)有

$$M_{\max} = \frac{F_R}{l}\left(\frac{l-a}{2}\right)^2 - M_K = \frac{608}{12}\left(\frac{12-0.63}{2}\right)^2 - 152 \times 4.4$$
$$= 968.7 (\text{kN} \cdot \text{m})$$

再设 F_{P3} 为临界荷载,将 F_{P3} 与 F_R 对称作用在梁中点 C 的两侧,如图 7.15(c)所示,F_{P3} 作用点所在截面的弯矩可能为最大,将相应数据代入式(7.6),此时因 F_R 在临界荷载左侧,a 为负值。

$$M_{\max} = \frac{F_R}{l}\left(\frac{l-a}{2}\right)^2 - M_K$$
$$= \frac{608}{12}\left(\frac{12+0.63}{2}\right)^2 - (152 \times 5.66 + 152 \times 1.26) = 968.7 (\text{kN} \cdot \text{m})$$

两个最大弯矩值相等。故当荷载在如图 7.15(b)、(c)所示位置时,都会产生最大弯矩,其值为 $M_{\max} = 968.7 \text{ kN} \cdot \text{m}$。

7.4.3　包络图概念

在实际工程结构的设计中,时常需要求出结构在移动荷载作用下,各截面内力的最大值和最小值,将这些最大值和最小值按同一比例标在图上,并将最大值和最小值分别连成两条曲线,则所得图形称为内力包络图。

7.4.4　包络图的绘制

梁的内力包络图包括弯矩包络图和剪力包络图两种,它们分别表示结构在移动荷载作用下,各截面的弯矩值和剪力值都不会超出相应包络图所包括的范围。包络图在结构设计时经常用来选择合理的截面尺寸,为钢筋混凝土梁布置钢筋提供依据。下面以简支梁为例介绍内力包络图。

如图 7.16(a)所示简支梁受吊车荷载作用,已知 $F_{P1} = F_{P2} = F_{P3} = F_{P4} = 152 \text{ kN}$。

弯矩包络图如图 7.16(b)所示。

剪力包络图如图 7.16(c)所示。在实际设计中可用近似剪力包络图[图 7.16(d)]来代替实际剪力包络图。这种代替偏于安全。

必须指出,上述内力包络图仅考虑了移动荷载作用。一般工程结构除承受移动荷载外,还承受恒载的作用。因此,设计时还应该将该值与恒载作用下的内力值叠加。

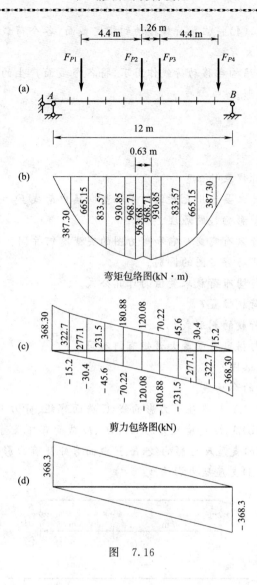

图　7.16

本章小结

7.1　影响线的含义,它表示结构某一量值随单位移动荷载 $F_P=1$ 的位置变化而变化的规律。

7.2　内力影响线与内力图的区别,内力影响线表示某一指定截面的量值(弯矩、剪力或轴力)随单位移动荷载的位置变化而变化的规律;内力图表示结构在固定荷载作用下,各个截面内力的变化规律。

7.3　影响线纵坐标、横坐标各代表的意义:影响线任一点的横坐标,表示单位移动荷载的位置。影响线任一点的纵坐标,表示单位荷载移动到该点时某个量值的大小。

7.4　静力法作影响线原理:选取研究对象,利用静力平衡条件得出所求量值与单位荷载所处位置的关系。

7.5　计算指定截面的最大弯矩:(1)做出弯矩影响线,(2)假设临界荷载,(3)利用公式

7.4,或 7.5 确定临界荷载,(4)将临界荷载移动到指定截面,各个荷载与影响线对应纵标的乘积之和就是指定截面的最大弯矩。

7.6 包络图的含义:结构在移动荷载作用下,将各个截面产生的最大内力所连曲线与最小内力所连曲线组成的图形。

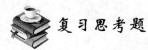 **复习思考题**

7.1 影响线的纵坐标代表什么?

7.2 绘制影响线为什么要选用无量纲的单位竖向集中荷载 $F_P=1$?

7.3 简述静力法绘制影响线的原理、步骤。

7.4 剪力影响线为什么有突变? 它和剪力图的突变有何异同?

7.5 简述弯矩影响线与弯矩图的区别。

7.6 简述集中荷载与均布荷载求量值的计算公式。

7.7 什么叫最不利荷载位置?

7.8 怎样应用临界荷载的判别式?

7.9 绝对最大弯矩与指定截面最大弯矩有何不同?

7.10 什么叫内力包络图?

7.11 作出下列图示的影响线。

(1)用静力法作出图(a)A、B 支座反力影响线,C 截面弯矩、剪力影响线。

(2)用静力法作出图(b)A、B 支座反力影响线,C、D 截面弯矩及剪力影响线。

(3)用静力法作出图(c)支座反力影响线,E、F 截面弯矩及剪力影响线。

(4)用静力法作出图(d)支座反力影响线。

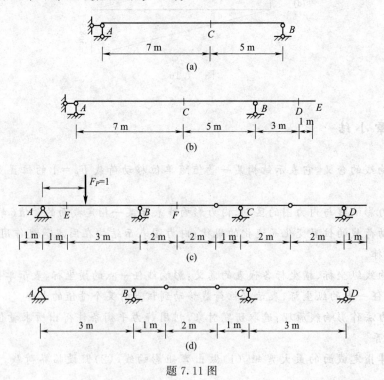

题 7.11 图

7.12 利用影响线求 C 截面弯矩、剪力。

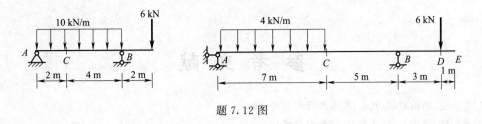

题 7.12 图

7.13 求移动荷载作用下的 M_C 最大值。

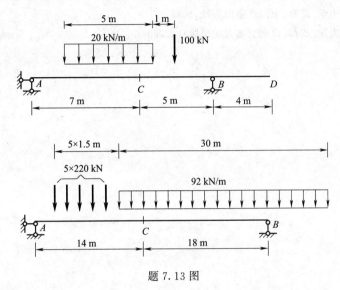

题 7.13 图

7.14 求移动荷载作用下的 M_C 最大值和梁的绝对最大弯矩。

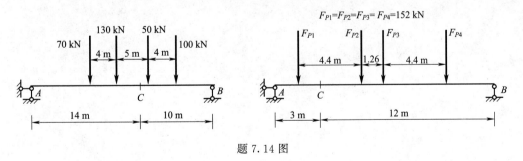

题 7.14 图

参 考 文 献

[1]李廉锟.结构力学.北京:高等教育出版社,1983.
[2]龙驭球.结构力学.北京:高等教育出版社,1979.
[3]吴章禄.结构力学.成都:西南交通大学出版社,1996.
[4]吕学谟.结构力学.北京:中国铁道出版社,1987.
[5]郭英斗.建筑力学.成都:西南交通大学出版社,2003.